中国古建筑之美

皇家园囿建筑
琴棋射骑御花园

◎ 本社 编

中国建筑工业出版社

避暑山庄烟雨楼

河北承德

烟雨楼在如意洲北的一个小岛——青莲岛上,是仿嘉兴烟雨楼的意趣而建,亦取同名。楼高二层,楼上下各五间,设回廊。楼前门殿三间,用廊与主楼相连,形成天井。楼西南有对山斋三间,南置假山,叠砌石洞,其上建有六角亭,名"翼亭"。楼东有"青杨书屋"三间;南设方亭,北置八角亭。全组建筑结合地形,廊楼参差,佳树名花,遍布全岛,为丰富外形,在不同位置尚设计三座不同形式的亭子,故从不同角度,皆有不同景观,十分绚丽多彩。

中国古建筑之美

· 皇家园囿建筑 ·

琴棋射骑御花园

编委会

总策划	周谊
编委会主任	王珮云
编委会副主任	王伯扬　张惠珍　张振光
编委会委员	（按姓氏笔画）
	马彦　王其钧　王雪林
	韦然　乔匀　陈小力
	李东禧　张振光　费海玲
	曹扬　彭华亮　程里尧
	董苏华
撰文	程里尧
摄影	张振光　曹扬　韦然
	李东禧　陈小力　等
责任编辑	王伯扬　张振光　费海玲

凡例

一、全书共分十册，收录中国传统建筑中宫殿建筑、帝王陵寝建筑、皇家苑囿建筑、文人园林建筑、民间住宅建筑、佛教建筑、道教建筑、伊斯兰教建筑、礼制建筑、城池防御建筑等类别。

二、各册内容大致分四大部分：论文、彩色图版、建筑词汇、年表。

三、论文内容阐述各类建筑之产生背景、发展沿革、建筑特色，附有图片辅助说明。

四、彩色图版大体按建筑分布区域或建成年代为序进行编排。全书收录精美彩色图片(包括论文插图)约一千七百幅。全部图片均有图版说明，概要说明该建筑所在地点、建筑年代及艺术技术特色。

五、论文部分收有建筑结构图、平面图、复原图、沿革图、建筑类型比较图表等。另外还附有建筑分布图及导览地图，标注著名建筑分布地点及周边之名胜古迹。

六、词汇部分按笔画编列与本类建筑有关之建筑词汇，供非专业读者参阅。

七、每册均列有中国建筑大事年表，并以颜色标示各册所属之大事纪要。全书纪年采用中国古代传统纪年法，并附有公元纪年以供对照。

序一

《中国古建筑大系》重印序

中国的古代建筑源远流长，从余姚的河姆渡遗址到西安的半坡村遗址，可以考证的实物已可上溯至7000年前。当然，战国以前，建筑经历了从简单到复杂的漫长岁月，秦汉以降，随着生产的发展，国家的统一，经济实力的提升，建筑的技术和规模与时俱进，建筑艺术水平也显著提高。及至盛唐、明清的千余年间，建筑发展高峰迭起，建筑类型异彩纷呈，从规划设计到施工制作，从构造做法到用料色调，都达到了登峰造极的地步。中国建筑在世界建筑之林，独放异彩，独树一帜。

建筑是凝固的历史。在中华文明的长河中，除了文字典籍和出土文物，最能震撼民族心灵的是建筑。今天的炎黄子孙伫立景山之巅，眺望金光灿烂雄伟壮丽的紫禁城，谁不产生民族自豪之情！晚霞初起，凝视护城河边的故宫角楼，谁不感叹先人的巧夺天工。

珍爱建筑就是珍爱历史，珍爱文化。中国建筑工业出版社从成立之日起，即把整理出版中国传统建筑、弘扬中华文明作为自己重要的职责之一。20世纪50、60年代出版了梁思成、刘敦桢、童寯、刘致平等先生的众多专著。改革开放之初，本着抢救古代建筑的初衷，在杨俊社长主持下，制订了中国古建筑学术专著的出版规划。虽然财力有限，仍拨专款20万元，组织建筑院校师生实地测绘，邀请专家撰文，从而陆续推出或编就了《中国古建筑》、《承德古建筑》、《中国园林艺术》、《曲阜孔庙建筑》、《普陀山古建筑》以及《颐和园》等大型学术画册和5卷本的《中国古代建筑史》。前三部著作1984年首先在香港推出，引起轰动；《中国园林艺术》还出版了英、法、德文版，其中单是德文版一次印刷即达40000册，影响之大，可以想见。这些著作既有专文论述，又配有大量测绘线图和彩色图片，对于弘扬、保存和维护国之瑰宝具有极为重要的学术价值和实际应用价值。诚然，这些图书学术性较强，主要为专业人士所用。

1989年3月，在深圳举行的第一届对外合作出版洽谈会上，我看到台湾翻译出版的一套《世界建筑全集》。洋洋10卷主要介绍西方古代建筑。作为世界文明古国的中国却只有万里长城、北京故宫等三五幅图片，是中国没有融入世界，还是作者不了解中国？作为炎黄子孙，别是一番滋味涌上心头。此时此刻，我不由得萌生了出版一套中国古代建筑全集的设想。但如此巨大的工程，必有充足财力支撑，并须保证相当的发行数量方可降低投资风险。既是合作出版洽谈会，何不找台湾同业携手完成呢？这一创意立即得到《世界建筑全集》中文版的出版者——台湾光复书局的响应。几经商榷，合作方案敲定：我方组织专家编撰、摄影，台方提供10万美元和照相设备，1992年推出台湾版。1989年11月合作出版的签约典礼在北京举行。为了在保证质量的同时，按期完成任务，我们决定以本社作者为主完成本书。一是便于指挥调度，二是锻炼队伍，三能留住知识产权。因此将社内建筑、园林、历史方面的专家和专职摄影人员组成专题组,由分管建筑专业的王伯扬副总编辑具体主持。社外专家各有本职工作,难免进度不一,因此只邀请了孙大章、邱玉兰、茹竞华三位研究员,分别承担礼制建筑、伊斯兰教建筑和北京故宫的撰稿任务。翌年初,编写工作全面展开,作者们夜以继日,全力以赴;摄影人员跋山涉水,跑遍全国,大江南北,长城内外,都留下了他们的足迹和汗水。为了反映建筑的恢弘气派和壮观全景,台湾友人又聘请日本摄影师携专用器材补拍部分照片补入书中。在两岸同仁的共同努力下,三年过去,10卷8开本的《中国古建筑大系》大功告成。台湾版以《中国古建筑之美》的名称于1992年按期推出,印行近20000套,一时间洛阳纸贵,全岛轰动。此书的出版对于弘扬中华民族的建筑文化,激发台湾同胞对祖国灿烂文化的自豪情感,无疑产生了深远的影响。正如光复书局林春辉董事长在台湾版序中所言:"两岸执事人员真诚热情,戮力以赴的编制精神,充分展现了对我民族文化的长情大爱,此最是珍贵而足资敬佩。"

为了尽快推出大陆版,1993年我社从台方购回800套书页,加印封面,以《中国古建筑大系》名称先飨读者。终因印数太少,不多时间即销售一空。此书所以获得两岸读者赞扬和喜爱,我认为主要原因:一是书中色彩绚丽的图片将中国古代建筑的精华形象地呈现给读者,让你震撼,让你流连,让你沉思,让你获得美好的享受;二是大量的平面图、剖面图、透视图展示出中国建筑在设计、构造、制作上的精巧,让你感受到民族的智慧;三是通俗流畅的文字深入浅出地解读了中国建筑深邃的文化内涵,诠释出中国建筑从美学到科学的含蓄内蕴和哲理,让你获得知识,得到启迪。此书不仅获得两岸读者的认同,而且得到了专家学者的肯定,1995年荣获出版界的最高奖赏——国家图书奖荣誉奖。

为了满足读者的需求,中国建筑工业出版社决定重印此书,并计划推出简装本。对优秀的出版资源进行多层次、多方位的开发,使我们深厚丰富的古代建筑遗产在建设社会主义先进文化的伟大事业中发挥它应有的作用,是我们出版人的历史责任。我作为本书诞生的见证人,深感鼓舞。

诚然,本书成稿于十余年前,随着我国古建筑研究和考古发掘的不断进展,书中某些内容有可能应作新的诠释。对于本书的缺憾和不足,诚望建筑界、出版界的专家赐教指正。让我们共同努力,关注中国建筑遗产的整理和出版,使这些珍贵的华夏瑰宝在历史的长河中,像朵朵彩霞永放异彩,永放光芒。

中国出版工作者协会副主席
科技出版委员会主任委员　**周诣**
中国建筑工业出版社原社长
2003年4月

序二

《中国古建筑大系》初版序

人们常用奔腾不息的黄河，象征中华民族悠长深远的历史；用连绵万里的长城，喻示炎黄子孙坚忍不拔的精神。五千年的文明与文化的沉淀，孕育了我伟大民族之灵魂。除却那浩如烟海的史籍文章，更有许许多多中国人所特有的哲理风骚，深深地凝刻在砖石木瓦之中。

中国古代建筑，以其特有的丰姿于世界建筑体系中独树一帜。在这块华夏子民的土地上，散布着历史年岁留下的各种类型建筑，从城池乡镇的总体规划、建筑群组的设计布局、单栋房屋的结构形式，一直到细部处理、家具陈设，以及营造思想，无不展现深厚的民族色彩与风格。而对金碧辉煌的殿宇、幽雅宁静的园林、千姿百态的民宅和玲珑纤巧的亭榭……人们无不叹为观止。正是透过这些出自历朝历代哲匠之手的建筑物，勾画出东方人的神韵。

中国古建筑之美，美在含蓄的内蕴，美在鲜明的色彩，美在博大的气势，美在巧妙的因借，美在灵活的组合，美在予人亲切的感受。把这些美好的素质发掘出来，加以研究和阐扬，实为功在千秋的好事情。

我与中国建筑工业出版社有着多年交往，深知其在海内影响之权威。光复书局亦为台湾业绩卓著、实力雄厚的出版机构。数十年来，她们各自从不同角度为民族文化的积累，进行着不懈的努力。尤其近年，大陆和台湾都出版了不少旨在研究、介绍中国古代建筑的大型学术专著和图书，但一直未见两岸共同策划编纂的此类成套著作问世。此次中国建筑工业出版社与光复书局携手联珠，各施所长，成功地编划这样一整套豪华的图书，无论从内容，还是从形式，均可视为一件存之永久的艺术珍品。

中国的历史，像一条支流横溢的长河，又如一棵挺拔繁盛的大树，中国古代建筑就是河床、枝叶上蕴含着的累累果实与宝藏。举凡倾心于研究中国历史的人，抑或热爱中华文化的人，都可以拿它当作一把钥匙，尝试着去打开中国历史的大门。这套图书，可以成为引发这一兴趣的契机。顺着这套图书指引的线索，根其源、溯其流、张其实，相信一定会有绝好的收获。

刘致平

1992年8月1日

序三 《中国古建筑大系》英文版序

当历史的脚步行将跨入新世纪大门的时候，中国已越来越成为世人瞩目的焦点。东方文明古国，正重新放射出她历史上曾经放射过的光辉异彩。辽阔的神州大地，睿智的华夏子民，当代中国的经济腾飞，古代中国的文化珍宝，都成了世人热衷研究的课题。

在中国博大精深的古代文化宝库中，古代建筑是极具代表性的一个重要组成部分。中国古代建筑以其特有的丰姿，在世界建筑史中独树一帜，无论是严谨的城市规划和活泼的村镇聚落，以院落串联的建筑群体布局，完整规范的木构架体系，奇妙多样的色彩和单体造型，还是装饰部件与结构功能构件的高度统一，融家具、陈设、绘画、雕刻、书法诸艺于一体的建筑综合艺术，等等，无不显示出中华民族传统文化的独特风韵。透过金碧辉煌的殿宇，曲折幽静的园林，多姿多样的民居，玲珑纤细的亭榭，那尊礼崇德的儒学教化，借物寄情的时空意识，兼收并蓄的审美思维，更折射出华夏子孙的不凡品格。

中国建筑工业出版社系中国建设部直属的国家级建筑专业出版社。建社四十余年来，素以推进中国建筑技术发展，弘扬中国优秀文化传统、开展中外建筑文化交流为己任。今以其权威之影响，组织国内知名专家，不惮繁杂，潜心调研、摄影、编纂，出版了《中国古建筑大系》，为发掘和阐扬中国古建筑之精华，做了一件功在千秋的好事。

这套巨著，不但内容精当、图片精致、而且印装精美，足臻每位中国古建筑之研究者与爱好者所珍藏。本书中文版，不但博得了中国学者的赞赏，而且荣获了中国国家图书奖荣誉奖；获此殊荣的建筑图书，在中国还是第一部。现本书英文版又将在欧美等地发行，它将为各国有识之士全面认识和研究中国古建筑打开大门。我深信，无论是中国人还是西方人，都会为本书英文版的出版感到高兴。

原建设部副部长　叶如棠

1999年10月

皇家苑囿分布图

皇家苑囿的兴建与帝王的生活与思想有密切关联，早期苑囿是专供天子畋猎的场所，而后逐渐发展为帝王游憩、娱乐并听政的地方。因此，皇家苑囿大多位于都城及其附近，如秦、汉在咸阳、长安建有气势雄伟的上林苑及离宫。魏晋南北朝时，北朝建都邺城、洛阳等地，历代帝王在这些都城内外修建苑囿，以为游冶之所，而南朝的苑囿则集中于建康。隋、唐皇家苑囿分别于都城洛阳、长安蓬勃发展。北宋建都汴梁，苑囿分布于此地。靖康之变后，南宋迁都临安，江南皇家林园兴盛。明、清两代都城北迁，北京及近郊兴建的皇家苑囿尤其可观。

历代兴建的皇家苑囿多已不存，现今留存多属明、清两代所建造。本图介绍历代曾经建造的皇家苑囿，并说明兴建的年代与地点，希冀借此进一步探究中国皇家苑囿的发展。

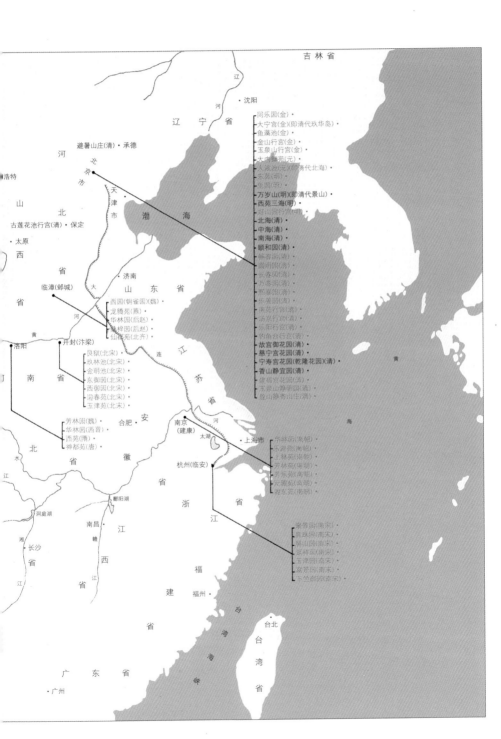

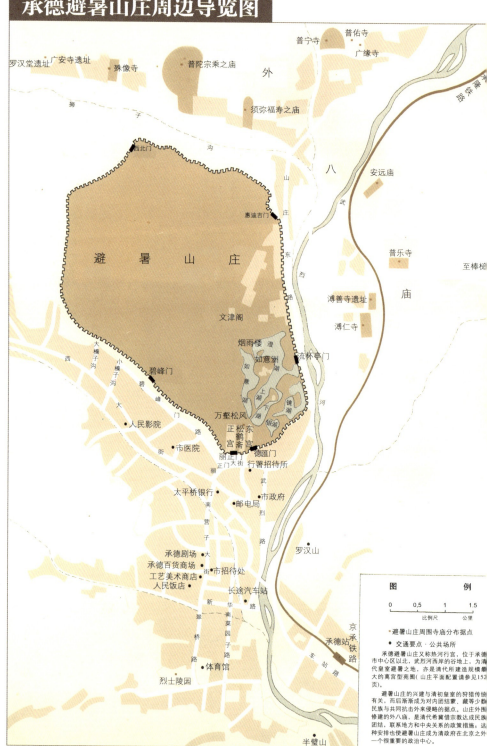

Contents / 目录
皇家园囿建筑·琴棋射骑御花园

序一 / 刘致平
序二 / 周　谊
序三 / 叶如棠

皇家苑囿分布图
承德避暑山庄周边导览图

论文

奠基、发展时期
——从原始的畋猎迈向自然、精雅、成熟的休闲空间

中国皇家苑囿产生前的漫长酝酿期 / 2
气势雄伟的秦、汉宫苑的诞生 / 5
现实享乐的魏晋南北朝苑囿 / 10
转向自然美至于成熟的隋唐苑囿 / 14
精雅化和浓缩天下美景的宋代苑囿 / 17
处于停滞期的金、元、明三朝苑囿 / 23

最后兴盛时期
——集中国皇家造园大成的清代苑囿

西海子 / 34
圆明园 / 38
静宜园 / 46
静明园 / 47
颐和园 / 48
承德避暑山庄 / 55

图版

皇家苑囿建筑

北海公园 / 66
中南海 / 90
颐和园 / 96
圆明园 / 144
避暑山庄 / 150

附录一　建筑词汇 / 175
附录二　中国古建筑年表 / 177

Contents / 图版目录
皇家园囿建筑·琴棋射骑御花园

北海公园

北海琼华岛南面全景 / 66
北海琼华岛北坡 / 69
北海庆霄楼 / 70
北海白塔与善因殿 / 72
北海仙人承露盘 / 72
北海琼岛春阴石碑 / 74
北海酣古堂 / 75
北海碧照楼 / 76
北海临水游廊 / 77
北海琼华岛北坡冬景 / 78
北海琼华岛北坡远眺 / 79
北海锣锅桥 / 80
北海分凉阁 / 81
北海静心斋 / 82
北海静心斋北假山
　与爬山廊 / 84
北海静心斋 / 85
北海九龙壁 / 86
北海小西天 / 88
北海五龙亭 / 89

中南海

中南海牣鱼亭 / 90
中南海翔鸾阁 / 91
中南海涵元殿 / 91
中南海纯一斋长廊 / 93
中南海静谷中水池 / 94
中南海八音克谐亭 / 95

颐和园

颐和园宜芸馆石庭 / 96
颐和园仁寿殿 / 97
颐和园仁寿殿正殿内景 / 99
颐和园仁寿殿内景 / 99
颐和园夕佳楼 / 100
颐和园知春亭 / 101
颐和园铜牛 / 103
颐和园十七孔桥夕照 / 103
颐和园廓如亭 / 104
颐和园涵虚堂全景 / 105
颐和园镜桥 / 107
颐和园西堤 / 108
颐和园玉带桥 / 110
颐和园石舫 / 111
颐和园荇桥 / 112
颐和园长廊 / 113
颐和园养云轩前长廊 / 115
颐和园养云轩 / 116
颐和园长廊及彩画 / 116
颐和园佛香阁全貌 / 119
颐和园排云殿前牌坊 / 120
颐和园铜亭 / 121
颐和园转轮藏 / 121
颐和园排云殿与昆明湖 / 123

Contents / 图版目录

颐和园佛香阁 / 124
颐和园爬山廊 / 125
颐和园佛香阁内景 / 126
颐和园众香界与智慧海 / 126
颐和园香岩宗印之阁 / 129
颐和园香岩宗印
　之阁望南瞻部洲 / 130
颐和园须弥灵境一隅 / 131
颐和园多宝塔 / 133
颐和园景福阁 / 133
颐和园涵远堂 / 135
颐和园谐趣园荷池 / 136
颐和园谐趣园 / 136
颐和园乐寿堂内景 / 138
颐和园水木自亲内长廊与什锦
　玻璃窗 / 140
颐和园水木自亲 / 141
颐和园紫气东来城关 / 143
颐和园买卖街 / 143

圆明园

圆明园观水法石屏风 / 144
圆明园大水法遗迹 / 144
圆明园西洋楼远瀛观
　正面残迹 / 146
圆明园西洋楼
　海晏堂遗迹 / 147
圆明园西洋楼方外观 / 148

避暑山庄

避暑山庄四知书屋 / 150
避暑山庄万壑松风 / 150
避暑山庄月色江声岛 / 152
避暑山庄水心榭望芝径云堤 / 153
避暑山庄水心榭全景 / 155
避暑山庄临芳墅 / 156
避暑山庄芝径云堤望芳渚临流 / 158
避暑山庄金山 / 159
避暑山庄上帝阁望烟雨楼 / 161
避暑山庄上帝阁望上湖 / 162
避暑山庄烟雨楼 / 164
避暑山庄临芳墅望烟雨楼
　假山和磐锤峰 / 166
避暑山庄澄湖 / 167
避暑山庄文津阁大假山 / 168
避暑山庄文津阁 / 170
避暑山庄锤峰落照亭 / 171
避暑山庄武烈河与
　永佑寺塔 / 172
避暑山庄宫墙 / 173
避暑山庄北枕双峰东望 / 174

中国古建筑之美

·皇家园囿建筑·
琴棋射骑御花园

论文

奠基、发展时期
——从原始的畋猎迈向自然、精雅、成熟的休闲空间

从公元前11世纪末出现沙丘,到最后一个封建王朝——清帝国大力营造皇家苑囿之前的这一段漫长时期,经过无数的冲击,由原始走向象征,由象征步入现实,由现实走向浪漫,中国传统造园布局逐步转向自然美而至于成熟,在"一池三山"的因袭模式中,不仅将皇家苑囿精雅化,还将天下美景浓缩集中,达到了美不胜收之境。

中国皇家苑囿产生前的漫长酝酿期

中国是世界上最早进行造园活动的国家之一。如同其他古老民族一样,中国的造园活动始于最高统治者——天子,最早的园林便是皇家苑囿。

1. 畋猎娱乐的商朝

中华民族从游牧社会进入农业社会并经过一段稳定的发展期之后,到公元前11世纪的商朝晚期,已出现专供天子畋猎的"囿"。早期囿的形态极其简单,仅是大面积圈围的天然土地,主要是依托优良的地形和植被,供给动物繁殖栖息。囿中惟一的人工构筑物是"台"。台为方形或矩形,从平地拔起高数丈或十数丈。它的功能是供天子登临以"观四方"、"望云色"、"望氛祥",也是天子接近上天和祭祀上天、与神交往的神圣场所,这与农业社会靠天吃饭和相信神在天上的原始宗教有关。当然,台的雄伟而粗犷的轮廓线也具有象征天子惟我独尊的意义。以后在台上建造简单的房屋,称作"榭"。随着统治者财富的积累,榭逐渐转化为华

丽的宫殿,形成"高台榭,美宫室"。把宫殿建筑群建在高台之上,便成为中国封建社会一个延续久远的传统。

商朝的农业已相当发达,在丰富的物质基础上,发展到后期,天子与诸侯的生活已十分侈靡腐败,当时沉湎于酒和进行狩猎是统治阶层的主要娱乐方式。商朝后期的几代皇帝,都是昏庸淫乱、酗酒好色之徒,纣王统治时更达到顶点。欲进行漫无休止的娱乐活动,必须有与之相应的物质环境,于是苑台离宫的建设便应运而生。据《史记·殷本纪》中说:"(纣)好酒淫乐……益收狗马奇物,充仞宫室。益广沙丘(今河北省巨鹿县东北70里处)苑台,多取野兽蜚鸟置其中。""纣时稍大其邑,南距朝歌(今河南省淇县),北距邯郸及沙丘,皆为离宫别馆。"在这一线长约250公里的土地上,都被划为离宫别馆的禁区,占用耕地之数量和规模之大亦非常惊人。这一区域想必也是植被茂盛、禽兽出没之所。关于纣在其苑囿中享乐的情况,《史记》中有一段记载:"大最乐戏于沙丘,以酒为池,县(悬)肉为林,使男女倮(裸),相逐其间,为长夜之饮。"即历史上著名的"酒池肉林"。这样荒淫无耻的享乐,也为他带来必然的灭顶之灾。我们从《孟子》中的一段论述可以看到一点端倪:"尧舜既没,圣人之道衰,暴君代作。坏宫室以为污池,民无所安息,弃田以为园囿,使民不得衣食,邪说暴行又作,园囿污池沛泽多而禽兽至。及纣之身,天下又大乱。"看来这时大规模的园囿与农业社会的利益产生了根本上的矛盾。

颐和园十七孔桥

中国历代营建的皇家苑囿中,至今仍能展现于眼前的,当属清代所营建或扩建之宫苑。颐和园中有一座中国园林中最大的桥,自南湖岛(俗名龙王庙)东通向昆明湖东岸,因其有17个券洞,故名十七孔桥。由于十七孔桥为石造拱桥,因此桥身没有梁柱,完全以拱券代替。桥长150米,宽8米,桥身曲折徐缓,状如凌波长虹,桥面两边的汉白玉石栏杆望柱头上则雕有形态各异的狮子500余只。

2. 建筑美觉醒期的周朝

周灭商后,作为开国英主的周武王继承前期统治者的传统,仍然拥有自己的囿。据《诗经·大雅》记载:"经始灵台,经之营之。庶民攻之,不日成之。经始勿亟,庶民子来。王在灵囿,麀鹿攸伏;麀鹿濯濯,白鸟翯翯(鹤鹤)。王在灵沼,于牣鱼跃。"这段赞美人民拥戴统治者与造苑囿的记述中,仅包括"灵台、灵囿、灵沼"三个内容,确切位置在史书上虽互有矛盾,不过大约在今陕西省户县境内。周朝吸取商朝的教训,将囿依不同等级规定其大小,即"天子之囿百里,诸侯之囿四十里"。这当然是一个进步。周朝设有专人管理囿,天子的囿亦允许百姓进入打柴割草、捕雉捉兔,使百姓也能适当分享少量的猎物,历史上称之为德政。

公元前770年周平王东迁,开启春秋战国500余年的战乱时期。周初分封的1800多个诸侯国,经过无数的战役兼并后只剩下战国七雄。这个时期无论在政治、经济、社会各方面都发生了剧烈的变化,尤其是社会和文化思想非常活跃,产生了许多著名的思想家。建筑及城池构筑技术上亦突飞猛进。宫室一般都建在高台之上,屋顶的曲线远远伸出,翼角高高翘起,如同鸟翼,梁柱上施彩画,砖瓦上做浮雕花纹装饰,这是建筑美的觉醒时期。各诸侯国都争相建造高台美榭,不但作为享乐的场所,也是炫耀实力的标志。不过此时的注意力基本上还停留在宫室本身的建造,尚未致力于外部环境的经营。

根据文献的有限记载,比较著名的有周灵王(公元前571~前545年)时建造的昆昭台,"台高百丈,升之以望云气"。当然,"百丈"是夸大的形容。吴王夫差(公元前496~前476年)时建的姑苏台,"三年聚材,五年乃成,高见三百里,太史公登之以望五湖"。姑苏台上有春宵宫、海灵馆、馆娃阁。宫殿装设铜钩玉槛,以珠玉装饰,其豪华奢侈可以想见。夫差则与其数千妃嫔宫女日夜在此饮酒作乐。古籍中还记载夫差曾造天池,与美女西施于池中泛青龙舟嬉戏游乐,这是以水池为乐的最早记载,可视为中国皇家苑囿真正出现前的端倪。

宋张敦礼《松壑层楼图》

高台美榭的营建形式并无定规。图中描绘的高台与其上的宫殿仿佛是一个整体，建筑物周围没有宽大的平台，屋顶形式则颇为古老。这座高台宫殿处于苍松幽谷之间，更凸显其离宫特性。

气势雄伟的秦、汉宫苑的诞生

秦在战国晚期的兼并战争中消灭六国，于公元前221年建立统一的大帝国。由于对内的高压政策和对外的穷兵黩武，15年后便为汉朝取代，但是秦朝实行的一套制度及其成果则为汉朝沿用。

1. 秦神仙岛

秦始皇统一中国前即开始营建宫室，史载每当他征服一个诸侯国，就将其宫室依样在咸阳城北原上兴建，称作"六国宫殿"，并将虏获的美人、钟、鼓置放其中，供他享乐。秦始皇还命令将全国富豪72万户迁徙到咸阳，当时咸阳的宫殿不下三百余处，其中以阿房宫最著。阿房宫在上林苑中，是朝宫的前殿。据《三辅黄图》载："阿房宫亦曰阿城，惠文王造，宫未成而亡，始皇广其宫，规恢三百余里，离宫别馆弥山跨谷……"《史记》上也载有："始皇以为咸阳人多，先王之宫廷小，吾闻周文王都丰，武王都镐，丰镐之间，帝王之都也。乃营作朝宫渭南上林苑中。先作前殿阿房，东西五百步，南北五十丈，上可以坐万人，下可以建五丈旗。周驰为阁道，自殿下抵南山。表南山之巅以为阙。为复道，自阿房渡渭，属之咸阳，以象天极阁道绝汉抵营室也。"可见阿房宫的尺度和体量是十分惊人的，它在上林苑中的位置，是以天汉星辰的方位为依据，以此象征皇权处于宇宙中心的主宰地位，并且巧妙地利用雄伟的地形，加强宫

宋赵伯驹《秦阿房宫图》

秦咸阳城的宫殿建筑中,阿房宫最著名。画中的阿房宫显然是画家依文献记载之资料描绘的。虽然再现了秦代宫苑的雄风,但根据"上可以坐万人,下可以建五丈旗"的记述,仍不足以表现阿房宫的巨大尺度和体量。

殿建筑群和苑囿的气势。虽然秦始皇可能因集中精力营建宫殿和陵墓而无暇顾及苑囿的建设,但他梦想长生不死、永握权力和永享安乐而迷信神仙的思想,却对往后皇家苑囿的营建具有意想不到的影响。

从春秋战国以来便流传于东部滨海地区的方仙道术,到秦时已十分盛行。方仙道伪说海中有仙山,山中居住永生的仙人并藏有不死之药,可令人通过修炼"形解销化"成仙,并使灵魂脱离肉体而永生。秦始皇迷信此说而做出许多荒诞之事。据《史记》载,有方士卢生向始皇进言,务使皇帝居处隐秘不为人知,才能遇仙得到不死之药,于是始皇下令在咸阳城200里内建复道将全部宫观连接起来,使人无法知道他的行踪和居处,并下令凡说出其居处者处以死罪。在离宫别馆中大量建造廊子的做法,大概始于此。又齐人徐市(亦称徐福)上书始皇称海中有三神山:蓬莱、方丈、瀛洲,并有仙人居住。始皇遂派他带领童男女数千人入海求仙,却一去不返。于是我们看到《三秦记》中有这样的记载:"始皇都长安,引渭水为池,筑为蓬瀛,刻石为鲸,长二百丈。"看来这是求仙不得而筑成人工的山、池,用以象征仙山,作为精神的寄托。中国皇家苑囿中神仙岛的构想盖源于此。

2. 汉上林苑

汉朝初年社会经济繁荣,国力强大。汉高祖初建都洛阳,后采张良建议迁都长安,调动十余万民工大兴土木,营建宫殿城池。长安城内较大的宫殿有长乐宫、未央宫等,以及许多附属的苑囿、台榭和池沼等。经过"文景之治"的休养生息,汉武帝刘彻(公元前140～前87年)时,在文治武功上又创立很多伟业。这一时期的国力殷实雄厚达于鼎盛,使他有余力营造中国历史上最宏伟的皇家苑囿——上林苑。

虽然赋的文学性描写难免流于夸大,但是从司马相如的《上林赋》、东方朔的《谏除上林苑疏》和班固的《两都赋》中仍可了解上林苑的梗概。上林苑的营建始意在于狩猎,当时大规模的狩猎活动仍是统治者的需要,因此必须占用大量土地。东方朔曾力陈建苑之弊,请求停止营建,如他在《谏除上林苑疏》中写道:"今规以为苑,绝陂池水泽之利,而取民膏腴之地,上乏国家之用,下夺农桑之业,弃成功,就败事,损耗五谷,是以不可,一也。"但未得武帝同意。

据《上林赋》描写,上林苑内有关中八川出入其中,河湖港汊交错纵横,更有崇山崱岩,富有山水之胜。上林苑内的植被,既有深林巨木,也有垂条扶疏;既有蕨蔓草莽,也有奇卉异树。苑中不仅有大量的野生动物,也有豢养的百兽,都是供天子秋冬时射猎游乐的。扬雄的《长杨赋》中有"罗千乘于林莽,列万骑于山隅"的描写。帝王狩猎的仗势仿佛如临大敌一般,颇有军事演习的味道。按《西京杂记》

宋人画《琼台仙侣图》 / 左

秦、汉流行神仙思想,希望修炼成仙而获至永生,仙山楼阁就是修炼时的仙居处所。画中相互独立的高台美榭隐现于重山之中,仿佛就是仙人居住的神仙胜境。

元王振鹏《瀛海胜景图》 / 右

蓬瀛仙岛是中国皇家苑囿中经常出现的景观,也是中国画的传统题材。画家构思的神山仙岛,很自然地就成为苑囿中塑造"一池三山"的蓝本。

载,初建上林苑时,各地都献上名果奇树栽植于苑内,枣、李、桃、梨、楂、梅、杏等不计其数。苑内还有千百年的古木花草达2000余种,无异于一个庞大的植物园。在这样宏大的自然环境中,分布着许多宫观苑池。据《关中记》载,"上林苑门十二,中有苑三十六、宫十二、观三十五",都有不同的大小和功能。宫名见于记载的如建章宫、承光宫、储元宫、包阳宫、广阳宫、望远宫、犬台宫、宣曲宫、昭台宫、葡萄宫,观名如茧观、平乐观、三爵观、阳禄观、阴德观、鼎郊观、鱼鸟观、元华观、走马观等等,不胜枚举;池名如昆明池、初池、麋池、牛首池、蒯池、东陂池、西陂池、当路池、郎池等。

建章宫 系上林苑中最大的宫殿建筑群。汉武帝因长安城内的宫殿已十分拥挤,便在西城墙外建此宫。建章宫与

建章宫位于陕西省西安市汉长安城西。汉武帝太初元年(公元前104年)修建,是汉上林苑中最大的宫殿建筑群,建章宫隔城墙和护城河与长安城内的未央宫相望,两宫之间有飞阁相连。

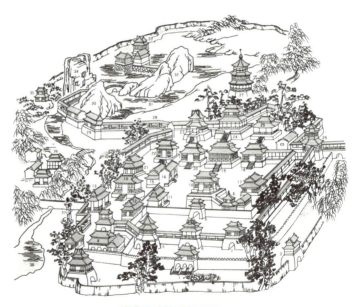

建章宫建筑群复原图

1.璧门 2.神明 3.凤阙 4.九室 5.井干楼 6.圆阙 7.别凤阙 8.鼓簧宫 9.喉峣阙 10.玉堂 11.奇宝宫 12.铜柱殿 13.疏圃殿 14.神明堂 15.鸣銮殿 16.承华殿 17.承光殿 18.柣栺宫 19.建章前殿 20.奇华殿 21.涵德殿 22.承华殿 23.骀娑宫 24.天梁宫 25.骀荡宫 26.飞阁相属 27.凉风台 28.复道 29.鼓簧台 30.蓬莱山 31.太液池 32.瀛洲山 33.渐台 34.方壶山 35.曝衣阁 36.唐中庭 37.承露盘 38.唐中池

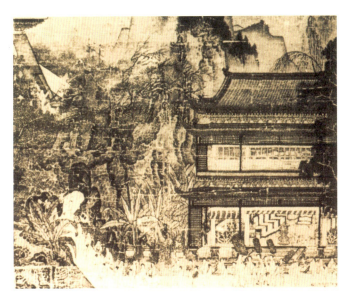

宋赵伯驹《汉宫图》

画中描绘的是汉代宫苑。画面上出现的贵妇和众多宫女的场面,再现了汉代宫苑的生活状况。在主要殿宇旁配置巨大的山石和芭蕉、常绿树等,符合假山和植物栽植在汉代已有很多应用的记载。

城内的未央宫隔城墙和护城河相望,两宫之间以飞阁相连。建章宫的规模和豪华程度远超过长安城内的宫殿。《三辅黄图》载,建章宫内26殿,外围阁道,主殿踞高台之上。宫城内还设置许多装饰性的标志物,如阙、台、铜制凤凰和仙人承露盘。建章宫北是太液池,有"池周回千顷"之称,是个面积庞大的人工水池,象征大海。池中有蓬莱、方丈、瀛洲三岛,象征海中三神山;因传说中的仙山形如壶状,所以也叫作"三壶",如中国皇家苑囿常以"方壶胜境"为景名,即指仙岛"方丈"。这种"一池三山"的布置方法,是在秦的基础上进一步完善,进而成为一种模式流传近两千年之久。汉武帝妄想长生不死更甚于秦始皇,为企求不死之药,曾多次派方士求仙而不得。这些方士谎言皇帝可以遇仙,因为仙人好楼居,所以必须把皇帝的居处建成如仙境般的环境,而且使宫室衣物等都制作得像神仙,才能招来神物。建章宫里的宫苑殿宇都是依此思想营建的。

昆明池 上林苑中最大的池是昆明池,也是苑中最优美的地区。据《三辅旧事》记载,昆明池有332公顷,于武帝元狩四年(公元前119年)开凿。开凿昆明池具有多种目的:史籍中有武帝作昆明池"欲讨伐昆吾夷,教习水战"的记载,所以修昆明池首先有训练水军的军事目的;其次昆明池水可供长安城内、外使用,因"其下流当可壅激,以为都城之用……城内外皆赖之",所以也是一个大蓄水库;当然作为苑囿的水景区也是必不可少的。昆明池中有豫章台、长3丈的石刻鲸鱼,池的东西立有牛郎、织女二石人以象征天河。池中有龙首船,常令宫女泛舟池中,舟上立凤盖、彩旗并鸣鼓奏乐,供皇帝观赏。

现实享乐的魏晋南北朝苑囿

魏晋南北朝是中国历史上长达300年的社会大动荡时期,朝代更迭、王室互残、争权夺利、道德沦丧,统治者的贪婪残酷和搜刮社会财富一刻也未停止过。宫苑的营造惊人的奢侈华丽,享乐之风则相对地炽烈。神仙迷信思想在统治

元人画《广寒宫图》 / 上

魏晋南北朝的苑囿营造走向现实享乐,对宫殿苑囿之兴建更注重实际,而且非常奢侈华丽。画中宏伟壮丽且层层叠起的建筑物,更凸显其宫苑雄风。

宋张择端《清明上河图》 / 下

这是一幅表现北宋都城汴梁和汴河两岸清明时节风俗世情的长卷。画中描绘了汴京繁荣的景象,是汴京当年繁荣的见证,也是北宋城市经济情况的写照,栩栩如生地描绘了北宋都城汴京的日常社会生活与习俗风情。

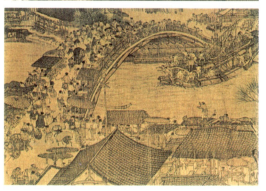

阶层中已不如秦、汉时流行，反而对现世的享受看得更为重要。这个时期也是士人阶层对自然美的觉醒时期，对统治阶层的思想也会产生一定的影响。

魏晋南北朝时期的政权，北方以邺城(今河北临漳)、洛阳，南方以建康(今南京)建都的时间最长，而这些都城内外都建有一些历史上著名的苑囿。

1. 洛阳诸苑

三国时，魏文帝曹丕自邺城迁都洛阳后，即大力营造宫殿苑囿，其中以芳林园为最著，到其子魏明帝曹叡时又大加扩建而极一时之盛。根据历史记载，建造苑景时他亲自带领百官一起劳动，负土而成山，并在山上植树栽草，可见对此苑的重视。

芳林园在城的东北隅，园中的景物全为人工，与秦、汉时规模宏大的、以自然环境为依托的离宫别馆大异其趣。芳林园中有泛舟赏游的天渊池，有五色大石和土堆成之大假山景阳山，并将山禽杂兽置于其中供人欣赏，还有利用水力转动的大型水动玩具等。为这座园林服务的宫女和乐伎多达数千人。后因避齐王曹芳讳，改名为华林园。

西晋时的都城仍在洛阳，皇家苑囿仍以华林园为主。北魏迁都洛阳后，华林园中又增设许多景物。据《洛阳伽蓝记》载，华林园中有大海，即原来的天渊池，池中有魏文帝曹丕时的九华台，台上有清凉殿。池中还有蓬莱山，山上有仙馆、钓台殿、虹霓阁等建筑。皇帝每年于三月三日和秋后，乘龙舟在海上遨游。海西有藏冰室，即冰库，盛夏时供应宫中所需的降温冰块。海西南有景阳山，山的东部是义和岭，岭上有温风室；山的西部有姮娥峰，峰上建露寒馆，山谷中设有飞阁沟通往来；山北有玄武池；山南有清暑殿，殿东有临涧亭，殿西有临危台及南部的百果园等。由此看来，此时华林园中赏景的建筑已有扩增，人工风景也随之增加。

2. 邺城诸苑

邺城最早由曹操于建安十五年(210年)建造，在宫城西面有禁苑——西园，即铜雀园。园内西北隅靠城墙处建有三台：冰井台、金虎台、铜雀台。唐代著名诗人杜牧的名句

"铜雀春深锁二乔"即指此。东晋十六国时(317~420年),后赵的石虎据邺,他不顾战乱连年和动荡不安的社会状况,役使男女民工16万人、车10万乘,运土修造御苑——华林园。北齐时(513年)改名为仙都苑,又加以扩建。据《历代帝王宅京记》载,苑的周围长数十里,苑墙设"三观四门"。引漳河水入园,汇为大池,池中堆五岛,象征"五岳";中有四个水域,象征"四海";汇入四海的四条水道则象征"四渎"。水上通行舟船的行程长达25里。中央大岛名嵩山,山上建轻云楼、架云廊;南岛即南岳,上有鹦鹉楼、鸳鸯楼;北岛即北岳,上有元武楼。北岳之北还有九曲山,山下有金花池;池西为三松岭,南为凌云城。大池之北有飞鸾殿、紫微殿。环池沿岸有游龙观、大海观、万福堂、流霞殿、修竹浦、连壁洲、杜若洲、靡芜岛、三夫山等。此外尚有其他楼台亭榭不计其数。其中最有趣的是设了一处"贫儿村"。据《齐本纪》记载,纯属锦衣玉食之后的无聊之举。在御苑内的这一做法于东汉灵帝刘宏时便出现了,《拾遗记》上说:"作市肆于后宫,使彩女贩卖,帝着商贩服饮宴于其间。"这一传统一直沿袭到清朝。

从仙都苑"五岳、四海、四渎"的布局,说明秦、汉时期以天象为基础的理想主义方法,至此已演变为以地理疆域为基础的表现皇权浩荡的现实主义态度。

3. 建康诸苑

南朝的170年间,宋、齐、梁、陈都以建康为国都,在建康修建了许多苑囿,其中有些是扩建前期三国东吴和东晋时的旧苑。由于这个时期帝王更动频繁,而且他们的文化素养和对自然审美能力的高低十分悬殊,所以反映在苑囿的营建上差异也很大。这个时期最著名的御苑便是华林园。

华林园在玄武湖南岸,建康宫以北,向西包括鸡笼山的大部分,东面与覆舟山的乐游苑接邻。这座御苑始建于三国东吴时,地处山水林木之胜。梁简文帝对此美景有一句脍炙人口的名言:"会心之处不必在远,翳然林木,便有濠濮间想也,觉鸟兽鱼禽自来视人。"

明周臣《北溟图》

南朝的宫室苑囿在消灭"金陵王气"的口号下全数毁灭,然而山水画的形成,反而促使皇家苑囿之营造趋于更豪华而文雅的道路。凿山引水、穿池筑山,在隋、唐已成为熟练的造园技巧。皇家苑囿由南朝迈向隋、唐,仿佛画中所表现的意境,似乎也表明中国皇家苑囿已转向美丽的大自然。

华林园在刘宋文帝时曾进行较大规模的整修,主要是增建楼阁殿堂,扩大景阳山。《舆地志》中曾载有在天渊池中架石引水做成流杯之所,皇帝于上巳日在此赐宴群臣。这是在苑囿中设流杯之所的最早有关记载。梁武帝"侯景之乱"时遭受严重破坏,到陈后主叔宝时再度修建。《南史》中记载,园中有光昭殿及临春、结绮、望仙三座高阁,这些殿宇的窗、槛、楣、栏皆由檀香木制作,饰以金玉珠翠,外施珠帘,内有宝帐。庭中积石为山,引水为池,植以奇树,杂以花药。由此可见,此时的建筑营造和庭院布置已相当精致而奢靡,与秦、汉雄风大不相同。

南朝时还建有其他一些苑囿,如乐游苑、上林苑、芳林苑、芳乐苑等,规模都是较大的。其中,芳乐苑是南齐中期暴君萧宝卷所建。萧宝卷荒唐残暴,杀人如草芥,终日游戏玩耍,不务正业,且不学无术。《南史》中有:"帝在东宫,便好玩弄,不喜书学。""在宫尝视捕鼠达旦,以为笑乐。"史载他即位(499年)后便大造殿宇,穷极奢华。在一次大火焚烧3000间殿宇后,又重新建造,并专为其宠姬潘妃造神仙殿、永寿殿、玉寿殿。这些殿堂的四壁饰以金银,挂绣绮,壁间画上神仙、风云、禽兽等图形,或绘男女私亵的图画。他命令将苑中假山都涂成五彩,还在苑内模仿市街商肆,与潘妃伴扮肉店酒肆主人取乐。一次,他以金制莲花铺地,令潘妃行其上,衍生"步步生莲"的典故。皇家苑囿在他手中已经变成低俗猥亵的场所了。

唐李昭道《长安曲江图》

画面主体是曲江旁之皇帝御苑中的楼台殿宇。御苑占据曲江旁最有利的位置，宫殿群则依地势层层上升，并沿江岸展开，使山水与建筑融为一体。

转向自然美至于成熟的隋唐苑囿

隋灭陈时，南朝的苑囿宫室在消灭"金陵王气"的口号下全数毁灭，然而魏晋南北朝以至隋、唐，由于社会经济和文化艺术的蓬勃发展，特别是山水画的形成，促使皇家苑囿趋于更豪华而文雅的道路。凿山引水、穿池筑山，已成为熟练的造园技巧。

1. 转向美丽大自然的隋代苑囿

隋文帝杨坚于公元581年灭北周，公元589年灭南陈，建立统一的帝国，在政治、经济上都有很大的成就，使国家再度繁荣。但好景不长，其子杨广弑父篡位称帝(炀帝)后，便奢靡纵欲，大兴土木，东行西幸，征讨四夷，数年之间便耗尽国力，昙花一现的政权遂被唐取代。

隋文帝开国之初，因汉长安城已破损不堪，乃就其东建新都大兴，即后来唐长安城。到隋炀帝时便下令营建东都洛阳。史载他役使工匠200万人开始了大规模的土木工程。为充实东京实力，还迁徙"天下富商大贾"数万家到东京。洛阳城的规模很大，东西十八里一十五步，南北十五里一百七十五步。宫城在城的西北角，东西有五里二百步，南北为七里。又在宫城内以九洲池为中心建内苑。九洲池广十顷，水深丈余。池中有洲岛，岛上有瑶光殿、琉璃亭、一柱观等建筑。环池还有一些宫院，如花光院、山斋院、翔龙院、仙居院、仁智院和望景台等。这些院室都是炀帝寻欢作乐之所。除了这个极尽奢侈的内苑外，炀帝又命令在城外的西面建造规模巨大而独特的西苑。西苑是一个以自然环境为依托的大型皇家苑囿，其布局和构思对以后的朝代具有深远影响，在中国造园史上具有重大意义。

不同的古籍对西苑的描述亦有所出入，其中以《大业杂记》一书所载较为合理。西苑的布局以水为基本骨架，在此基础上分布许多建筑和庭院。苑的南部有一大海，海北接龙鳞渠。渠在苑内屈曲环绕划分成许多建筑区域，上有16院分布。据《大业杂记》载，海的四周共十余里，水深达数丈。海中有方丈、蓬莱、瀛洲三神山，高出水面一百余尺，三山之间相距约三百步，山上建有通真观、习灵台、总仙宫。这是秦、汉宫苑的继承。为了营造神仙岛的气氛，风亭月观皆以机械操作，使其可升可降、忽隐忽现。海北的16院是16座封闭的庭院，庭院间有龙鳞渠互通往来。每一座庭院的东、西、南三面开门，都面临渠水，渠上架飞桥，渠中可泛舟。庭院中栽种名花，秋冬时用剪彩做成芰荷装点以增添色彩。过桥百步有杨柳修竹花草，映于轩阶之间。16院为：延光院、明彩院、合香院、承华院、凝晖院、丽景院、飞英院、流芳院、耀仪院、结绮院、百福院、宝林院、长春院、永乐院、清暑院、明德院。每院设四品夫人一名掌管，此外还附设一屯，屯内养猪、穿池养鱼，还有种瓜果蔬菜的园圃。这16院是炀帝常来临幸的住所。此外，苑中还有数十处游观之所，可以从陆上或沿渠泛舟游览。轻舟画舫如入图画，阵阵采菱之歌飘扬，或升飞桥阁道，奏春游之曲。每年八月之秋，月明之夜，隋炀帝常率宫女侍臣数千骑到西苑寻欢作乐。大业六年(610年)，即建苑的5年后，苑中草木禽兽已繁衍茂盛，桃溪李径，翠荫交合，金猿青鹿成群。

西苑的出现表明，中国皇家苑囿已转向美丽的大自然，标志着苑囿的营建已臻于成熟。

2. "曲江流觞"唐苑囿

唐灭隋后，经贞观到开元近百年的休养生息，社会经济又得以恢复而达到高度的繁荣，其国力已远在秦、汉之上了。这是一个十分开放而包容一切的时期，文学、艺术、宗教都有显著的进步。由于唐初的几代皇帝文化素质较高，奖励文学武事、力图安民济世、反对奢侈、任用贤人，所以国威达于四海。唐代的都城仍沿用隋大兴城，宫殿一应旧制，仅更改一些名称。唐高祖武德元年(618年)还下令废除隋代一切离宫游幸之所。至唐太宗贞观八年(634年)，才在禁苑东隅龙首山的高地上兴造大明宫，因在东面，也称东内。太极宫是原来的主要宫殿，为皇帝听政、居住之所，位于西方，亦称西内。此外尚有位于皇城之东南隅，称南内的兴庆宫，是唐玄宗时建造的游憩之所。

太极宫内的苑池称西内苑。苑内西北部有景福台，台上建阁；台西有望云亭。西北隅有假山，山前有四个互通的水池，称东、西、南、北四海。此外还有一些亭台楼阁等。大明宫内的苑池称东内苑，在宫殿区最北的含凉殿之北。苑中有太液池，也称蓬莱池，处于宫殿中轴线的末端，池中有一座蓬莱山，山上有亭，环池有回廊400余间。

兴庆宫是一座居住和游憩的宫城，以龙池为中心。龙池面积约18300平方米，南岸有建于台上的龙堂，池东则是以沉香亭为中心的建筑群。诗人李白有一首脍炙人口的清平调，描写李隆基与杨贵妃在沉香亭欣赏牡丹的情景："名花倾国两相欢，常得帝王带笑看；解释春风无限恨，沉香亭北倚栏杆。"对当时皇家园居之乐作了真实写照。

禁苑是长安城北包括东、西内苑在内的广大地区，北至渭水，东至浐河，西至秦咸阳故城；东西27里，南北33里。据《长安志》载，苑中设有宫亭24所，如皇后祈先蚕之蚕坛亭，饮宴之所的鱼藻宫，唐穆宗曾观船赛之鱼藻池，每年三月三日皇帝行修禊之礼的临渭亭，训练宫女音乐歌舞的梨园。此外，还有许多殿宇宫院，如桃园亭、昭德宫、飞龙院、骥德殿、会昌殿、坡头亭、栖园亭、月坡亭、青城桥、新鳞桥、凝碧桥。在宫、亭之间有许多水渠穿过，如清明渠、永安渠、龙首渠、漕河等。除了游乐的建筑外，还有大面积的狩猎区，为宫廷提供禽兽肉类和蔬果食品。

长安城东南隅有一处特殊性质的游乐地——曲江池,因池南有皇家宫苑芙蓉苑,所以称外苑。曲江池是一片南北狭长的水域,秦时曾在此建宜春苑,汉时曾建乐游园,唐则进行疏浚成为一处市民的游览胜地。池南有紫云楼、彩霞亭、芙蓉苑,池西有杏园、慈恩寺。这一带花草繁茂,烟水明媚,每年中和(二月初一)、上巳(三月初三)、中元(七月十五日)、重阳(九月九日)等节日,成为士人游玩行乐之地。届时皇帝也幸临赐宴群臣,于京兆府大摆宴席,建筑物上饰以五色彩绸,池中则有彩船遨游,车水马龙,蔚为壮观。唐时文人学士常雅集游曲江边,放羽觞于江上,羽觞随水漂流,得者须畅饮赋诗,这就是唐长安八景之一的"曲江流觞"。

唐代的离宫主要是华清宫。华清宫位于临潼县南骊山山麓,因山麓多温泉,故华清宫亦称温泉宫。远在周幽王时即曾在此建宫,秦始皇曾筑"神女汤泉",即骊山汤,汉武帝亦曾在此造离宫,到唐代时变成皇家的专属胜地。唐太宗于贞观十八年(645年)营建汤泉宫,玄宗天宝六年(742年)改称华清宫,开始将温泉修造成池塘,环山建宫室并加筑罗城,又建造政府各部门的官署和住所。玄宗于每年十月临幸华清宫,至岁末才返回长安,期间则把朝政大事移至华清宫处理。宫城为方形,外围的缭城依地势起伏建造。宫城内有许多殿宇,主要有寝殿飞霜殿,殿南是皇帝专用的温泉水池九龙汤,也叫莲花汤。此外还有18个汤池,如太子汤、少阳汤、尚食汤、宜春汤、芙蓉汤等等。芙蓉汤传为杨贵妃赐浴汤。宫殿区外则建有许多游乐用的亭阁,如宜春阁、重明阁、四圣阁、朝元阁、长生殿、老君殿、观凤楼、斗鸡殿等等。此外还有许多种植园地,如椒园、梨园、冬瓜园、西瓜园。另外还有许多天然的景观,如金沙洞、鹿饮泉、玉蕊峰等。安史之乱后华清宫便开始冷落而逐渐毁坏。

精雅化和浓缩天下美景的宋代苑囿

经过晚唐、五代的混乱,由赵匡胤兄弟领导的军事力量统一中国,建立宋帝国。宋太祖以其才略完成一个皇权至尊

宋人画《杜甫丽人行》

同样是曲江岸边兴建的楼台亭桥胜景,然而换个角度看,在此背景下所展现的是"三月三日天气新,长安水边多丽人"的欢乐景象,宫殿布局有明显的轴线,仿佛是李昭道所绘之曲江图的模仿,然而又有所区别。

关中丛书《关中胜迹图》华清宫

华清宫是唐代的主要离宫,依山面水而建,方形宫城外又加筑罗城和政府各部门的官署及住所,城内又分隔成一些不同的区。城墙上筑有复道,从宫城逶迤通向骊山,承继秦、汉遗风。

的绝对专制政权,经真宗、仁宗的休养生息,国家逐渐繁荣,直到徽、钦二帝才结束延续160余年的北宋王朝。由于长期的太平,统治阶层乃至整个市民阶层都沉浸在歌舞升平之中。《东京梦华录》有序云:"垂髫之童,但习鼓舞,斑白之老,不识干戈。"当时都城汴京的繁华是:"举目则青楼画阁,绣户珠帘。雕车竞驻于天街,宝马争驰于御路。金翠耀目,罗绮飘香。"

1. 北宋苑囿

北宋也是文学艺术和科学技术都有很大发展的时期,尤以绘画和建筑最为突出。《营造法式》的产生即为建筑技术相当成熟的标志。可见绘画与建筑对园林的营造具有很大的推进作用。

宋徽宗赵佶是一位多才多艺的风流皇帝,诗文书画无不精通,尤其钟意于苑囿营建。为了追求园林之乐,于政和年间在汴梁城的东北隅大兴土木,建筑寿山艮岳。起初赵佶因无子嗣,听信道士刘混康的风水说,以为汴梁城东北隅地势低,应稍予加高才能生男孩。于是赵佶命令增筑土阜,其后宫中生子渐多,赵佶愈信,乃大兴土木模仿杭州凤凰山的形状造万岁山。由于其方位按八卦之说在东北的艮位,遂更名为艮岳。其后又改名寿岳,人们乃通称之为寿山艮岳。又因在其入口大门上有匾名华阳宫,亦称华阳宫。

据载,艮岳周围十余里,是一座以假山为主的苑囿。营造艮岳的主题是要将遍布中国的名山美景集中于此。宋徽宗在《艮岳记》中夸耀说:"天台、雁荡、凤凰、庐阜之奇伟,二川、三峡、云梦之旷荡,四方之远且异,徒各擅其一美,未若此山并包罗列,又兼其胜绝,飒爽溟滓,参诸造化。"艮岳的布局和设计极尽机巧,各式各样的景观相互渗透、变化,达到"虽由人作,宛自天开"的水准。艮岳"冈阜连属,东西相望,前后相续,左山而右水,后溪而旁陇,连绵弥满,吞山怀谷"。艮岳内有高峰耸立,峰上布亭,

清丁观鹏
《明皇夜宴图》

虽然唐代宫苑已经荡然无存,但画面呈现的是画家力图再现唐代宫苑中举行盛大活动的场面。由于建筑群体量不算小,主要建筑物之屋顶为重檐歇山顶,加上建筑廊庑的不对称性,显然是唐代的一处宫苑。

宋赵伯驹《仙山楼阁图》/左

皇家苑囿追求的最高目标是宛如仙境般的环境,画中的仙山楼阁正是这一面貌的反映。这座楼阁复杂而优美的屋顶形式、精确的木结构和装修、玉石镶边的台基,以及高低错落之建筑体的完美结合,加上树石清溪的刻画,表明宋代的建筑与苑囿之营建技巧已达高度的水准。

清院画《十二月令图之正月图》/右

画面的构思和布局,俨然一处精美的园林设计。逶迤曲折的游廊、丰富的空间变化、形式各异的建筑、墙垣、山水树石的配置等,为吸取文人园林之特点而建之皇家苑囿。

山麓建馆,山间缀以楼、轩、堂、馆等建筑,如萼绿华堂、书馆、八仙馆、览秀轩、龙吟堂、绛霄楼、巢凤阁、三秀堂、介亭、承岚亭、跨云亭、丽山亭、半山亭、昆云亭、倚翠楼、漱玉轩等。山岭的景胜有濯龙峡、蟠秀、练光、罗汉岩。水景有雁池瀑布、白龙、凤池、方沼、芦渚。植物景观有大面积的梅林、杏岫、黄杨巘、椒崖、龙柏坡、海棠川,并设有种植药草的药寮。艮岳中豢养许多禽兽点缀风景,主要有鹿和山鸟等,以便皇帝来幸时得到禽兽"自来亲人"的效果。艮岳中还有模仿农家的西庄、道教的凝真观,不一而足。在山岭之中,道路崎岖,曲折回环,一些险要处甚至要手扶着石壁才能爬上。整个山岭"石竹苍翠蓊郁,仰不见日月"。宋徽宗在描写穿越山间石缝至一块环山的空地上仰望四周山景时写道:"……则岩峡洞穴、亭阁楼观、乔木茂草,或高或下,或远或近,一出一入,一荣一凋,四向周匝徘徊而仰顾,若在重山大峦幽谷深崖之底。"这一园林空间的艺术效果,远远地超过前朝苑囿的水准。

艮岳的成就在中国造园史上应以对假山艺术所作的贡献最为突出,这是北宋以来文学、绘画与建筑高度发展所带来的综合成果。艮岳的假山不但规模空前而且姿态万千,峰峦洞室变幻莫测。《癸辛杂识》载"万岁山大洞数十",《华阳宫记》上说:"筑冈阜,高十余仞,增以太湖灵璧之石,雄拔峭峙,巧夺天造"。游山的道路安排也极具匠心,依山势盘旋成千姿百态,斩石开径,"凭险则设磴道,飞空则架栈阁"。山顶冠之以高树,山麓则凿石为阶,名"朝天磴"。为达到山在虚无缥缈间的效果,又于山石间埋藏大量雄黄和庐林石,雄黄可以驱蛇虺,庐林石则在天阴时发生云气,当然这在造园艺术上是不足为训的。

宋代假山艺术的发达与北宋时文人墨客玩赏奇石的风尚有密切关系,如大画家米芾拜石称兄,传为佳话。当时以大石置于庭院中、小石置于几案之上为习尚,且很自然地渗透到宫廷中去。特别像宋徽宗这个艺术家皇帝,对石更有特殊的爱好,且专门搜取"瑰奇特异瑶琨之石"。艮岳的建造更是不遗余力地从南方搜取名贵花石,运至汴梁。早在徽宗即位时,即因修建景灵西宫而下令在苏州、湖州采集太湖石4600块,以后在苏、杭又专设应奉局,搜集奇花异石及各种玩赏珍品,凡士庶之家有一花一木被看中的,便用黄布覆盖,表示已由皇家征用。建艮岳时,运石的舟船首尾相接,号称"花石纲"(纲在宋代是一种民间的运输组织,如粮纲、盐纲、生辰纲)。运输高达数丈的巨石则以巨舰装载,以千夫牵挽,凿河断桥,毁堰拆闸,行走数月才能到达汴京。艮岳建成后,宋徽宗则成为金人的俘虏而死于异域。

北宋汴京的皇家苑囿除艮岳外,还有著名的琼林苑和金明池。金明池于每年三月一日开放,供皇帝观看船赛夺标并赐宴群臣,皇帝坐于大殿中观看船赛,殿下四周则聚集艺人、商贩和茶房酒肆及各色仕女游人。宋画《金明池夺标图》即是宋代宫廷活动的真实写照。琼林苑是一个以宫殿为主的宫苑,苑中有数十丈高的大假山,有楼阁、虹桥、池塘、亭榭,以及许多珍奇花卉。另外,汴京的苑囿还有东御园、西御园、迎春苑、牧苑等等。

2. 南宋苑囿

靖康二年(1127年)金军掳走徽、钦二帝,北宋灭亡。同

宋赵大亨《蓬莱仙会图》

画中呈现的是一幅无异于皇家苑囿的壮丽景观。宫殿区在左侧,有明显的中轴线。主要宫殿建筑高出云端,有复杂的体形和屋顶造型,入口前有宽大的平台和牌楼作为标志。

宋人画《金明池夺标图》

金明池是北宋汴京城西的一处宫苑,根据记载,周围九里三十步,每年三月在此举行龙舟竞赛,表演水上杂技。这幅画不仅描绘出金明池的苑囿布局和建筑,也是宋代宫廷活动的真实写照。

年康王赵构在南京应天府(今河南商丘)重建宋王朝,史称南宋。为逃避金人追击,宋高宗乃南迁临安(今杭州)。南宋君臣在西子湖畔的黛山绿水之间徜徉,早把国破家亡之痛抛到九霄云外,整日耽溺于声色之乐,一时临安的御苑宅馆像雨后春笋般兴起。当时临安是全国著名画师、工匠和文人墨客的汇集处,对苑囿的兴建产生重要作用。

绍兴八年(1138年)不仅在临安的凤凰山建造大内御园,在南、北两山和城内、外又辟出许多地点修建皇家苑囿。其中,西湖之南有聚景、真珠、南屏,西湖之北有集芳、延祥、玉壶等御园,天竺山中有下竺御园,城南有玉津园,城

东有富景园、五柳园。这些御园中以清波门外的聚景园规模最为宏广,乃孝宗为奉养其父高宗而修建的。园内有许多殿堂亭榭,如会芳殿、瀛春堂、览远堂、芳华亭、瑶津亭、翠光亭、滟碧亭、琼芳亭、寒碧亭、柳浪桥、学士桥等。当时皇帝常来此园游玩,并创出许多花样翻新的游戏。据史载,乾道三年(1167年)高宗来园赏花,令太监仿效西湖市井的情形在廊下摆放珠翠、玩具、匹帛、花篮、食品等供其游逛,然后去观看小太监做抛彩球、荡秋千的游戏,再到射厅看戏,最后回到清研亭赏玫瑰。

绍兴十四年(1144年)在以山水佳丽著称的西湖孤山建延祥园,当时有"湖山胜景独为冠"的美誉。园中有瀛屿、六一泉、玛瑙坡、闲泉、金沙井、仆夫泉、小蓬莱阁、香月亭、香远亭、挹翠堂、清远堂等胜景。另外,绍兴十七年(1147年)在嘉会门外建的玉津园,是专供皇帝宴射之用的御园,也是招待外国使节的地方。每年元旦由皇帝率皇子、大臣到此习弓射箭。城东新门外的富景园也称东御园,为皇家豢养畜禽、种植蔬果花卉的地方。

中国的皇家苑囿发展到宋代,已进入以人工再现自然山水胜景的艺术殿堂,这种变化与汉、唐以来诗文书画的长期孕育及文人园林的影响分不开,文人园林早在南朝时便开始走上以人工模仿自然山水的造园道路。皇家苑囿至此进入一个更高的阶段。

处于停滞期的金、元、明三朝苑囿

宋代写意山水的兴起及文人阶层玩石之风的盛行,使皇家苑囿之营造达到登峰造极之境。金虽竭尽财力、物力进行宫殿范围之兴建,却无突破性创建;元朝则因政治上长期陷入争夺战,经济又处于拮据之境,苑囿之建设并无多大作为;明朝重蹈历代封建政权的覆辙,于皇家苑囿之建树亦不多。金、元、明三朝在此方面遂出现发展停滞的低潮期。

1. 金中都诸苑

12世纪崛起于松花江流域的女真族,是一个以游牧为主的民族，国号金(1115～1234年)。金先灭辽，之后又于公元1127年灭北宋，统治中国北方广大土地。金的国都原在上京会宁府，到第四代皇帝完颜亮时，于贞元元年(1153年)迁都燕京，改名中都(今北京)。金朝经营中都的时间大约60年，在其掠夺的大量财富、士人和工匠的影响下，很快便汉族化了。海陵王是一个残酷的皇帝，他役使兵工40万，依照宋京汴梁之规划营建中都的城池宫室苑囿；有些宫殿的建筑材料是将北宋汴梁的宫殿拆卸后运至中都重建的。宫城内、外的苑囿大抵在城的西南一带。到了世宗完颜雍继位时(1161年)，便大肆修建苑囿行宫及寺院。当时的中都城内大部分是宫禁之地，百姓绝少。《海陵集》载"其宫阙壮丽，延亘阡陌，上切霄汉，虽秦阿房、汉建章不过如是"，所说不免夸大。这是金代统治者竭尽全国的财力、物力进行建设的结果。此外，在中都内、外还修建了许多行宫和宫苑，为以后元、明时期的皇家苑囿营建奠定了基础。中都宫城内外主要有同乐园、芳园、南园、广乐园、北苑、梁园、琼林苑、熙春园、西园等十余处，近郊有大宁宫、鱼藻池、鹿园、环秀亭、钓鱼台、蓝若院、玉泉山行宫、香山等十余处，此外还有一些行宫远在河北、汴梁、宣化、松花江等地。

同乐园 同乐园是完颜亮修建之第一座规模宏大的离宫，位于中都西北垣会城门附近，自然条件极佳。同乐园的布置是以宋宫中掠夺之《内府秘藏》中的《隋苑》和《唐行院》等名画为蓝本，将地形稍加整理而建设的。园中景色宜人，有奇花异树、假山亭榭、水池露台，西北隅有瑶光殿。每到盛夏，帝后们常来此"清暑"，或召见一班文士观花、赏月、吟诗。

大宁宫 大宁宫在城北面近郊，建于大定十九年(1179年)，为今北海前身。金世宗完颜雍因对宋汴京的艮岳印象深刻，决定仿效而建此离宫。于是凿池堆山，从汴梁运来艮岳的太湖石，建了一座新的"艮岳"，即今日的北海白塔山。之后大宁宫曾改名为寿宁宫、万宁宫。大宁宫的主要景观是太液池和琼华岛，岛山之巅有广寒殿，整个布置主题为神山仙岛。据史载金章宗完颜璟和其宠妃李师儿常来此宫中游幸，李师儿是从宋宫中掳来的宫女。当时大宁宫的"琼岛春阴"和"太液秋波"都在章宗确定的"燕京八景"之内。金朝赵秉文曾有诗描写大宁宫的情景，"花萼爽城通禁御，曲江两岸画楼台"，把大宁宫比作唐长安的曲江池。1210年蒙古军第一次伐金攻占中都时，大宁宫首当其冲而遭到破坏。

鱼藻池 在今北京天坛北金鱼池一带，距金中都城五六里，原是一片沼地。海陵王迁都之初(1153年)即创建此园。在这座近郊宫苑中有瑶池殿、神龙殿、观会亭、安仁殿、隆德殿、临芳殿、元和殿等。钓鱼台在中都西北门，即会城门附近，原是一片野水淀，也是优美的水景区，金时建行宫于此。金元间文人王恽描写这里的风光："柳堤环抱，景气萧爽。风日清美，天光云影，潋滟尊席。沙鸥容身于波间，幽禽和鸣于林际。"玉泉山离宫也是近郊离宫中之佼佼者，金章宗常去驻跸，金燕京八景之一的"玉泉垂虹"即在此。这里的自然风光优美，以泉、潭、洞为著。泉有裂帛、玉泉、迸珠、试墨、喷泉等；洞有华岩、七真、玉龙、清凉禅窟、观龙、吕公、罗汉等。此外还有金山行宫，位于今颐和园万寿山之址。

金代的皇家苑囿仍以模仿北宋遗韵为主，建筑形式趋于纤细华丽、装饰繁琐、色彩艳丽，在园林艺术方面并无特别的发展。

2. 元大都诸苑

13世纪蒙古族建立元朝(1271年)，吞金灭宋，统一中国，却使中国的文化传统遭到摧残，知识分子与娼妓沦为同一阶层，社会处于残酷的黑暗统治之中。被统治者生活在高压政策之下，统治者却大兴土木营建自己享乐的宫室苑囿。

元世祖忽必烈在经过皇室残酷的夺权斗争取得皇位后，于公元1271年确立国号大元，公元1272年改金中都为大都，并宣布在此建立国都。由于金中都在战火中遭受严重破坏，所以元大都的城址便选在中都的东北郊，并以金离宫大宁宫为中心建设皇城。就宫苑的建设而言，元代的成就远不及历朝之发展。

　　元大都是由宫城、皇城和外城三个相套的方城组成。皇城以太液池为中心，池东是宫城，池西为隆福宫。大都的宫苑主要是宫城北面的御苑和宫城西侧的太液池，而御苑的情况又极为特殊。根据文献记载，御苑内主要是皇帝率领近侍人员躬耕的田地，种植粟麻、瓜果、蔬菜和花木，表示皇帝对农业的重视。

　　太液池　元代的太液池中有南、北两个岛，南岛较小，名瀛洲岛(即今日的团城)，岛上有圆殿(今仪天殿)，北岛较大，即金之琼华岛，后改名万寿山，之后又更为万岁山。瀛洲岛的东西两侧都有木桥，东桥与直通大内的夹道相连；北面有长二百余尺的汉白玉石桥直通万寿山。关于万寿山，《辍耕录》中有这样的描述，过石桥之后，"左右皆登山之径，萦行万石之中，洞府出入，宛转相继。至一殿一亭，各擅一景之妙"，"山(指琼华岛)之东有石桥(今陟山桥位置)，长七十六尺，阔四十一尺半。为石渠以载金水，而流于山后以及于山顶也"，亦即用石渠将太液池水引至岛的北面，再用转动的水斗将水送至山顶，存于蓄水池中，然后用暗管导至山下仁智殿的水池，从龙头形的嘴中喷出，再由东西两侧注入太液池中。万寿山南坡的建筑物按轴线对称布

西湖及玉泉山

蒙古族于公元1271年建立元朝,次年改金中都为大都,营建皇家享乐的宫室苑囿。元大都西郊的西湖是皇帝常去游幸之地。距离西湖不远处有座玉泉山,金代于此兴建的玉泉山行宫则为元代沿用。由于西湖地势低洼,汇集玉泉诸水之后,形成很大的水面,元时俗称大泊湖,后因在西湖之北的山中挖掘出一个雅致的石瓮,遂改名瓮山泊。今颐和园中仍可见到西湖及玉泉山的面貌。

局。山有三个峰顶,中央的峰顶有广寒殿,元世祖忽必烈曾在此举行盛典;东山顶有荷叶殿;西山顶有温石浴室,山坡上以对称方式布置一些亭子。荷叶殿之西有胭粉亭,为后妃化妆之所;殿后有方壶亭。温石浴室后有瀛洲亭,与方壶亭形制相同而对称布置。在广寒殿的东西两侧还有金露亭和玉虹亭。自广寒殿往下走至半山有三座殿宇:中仁智殿、西延和殿、东介福殿。此外还有马㲧室、牧人室等,反映元代统治者对游牧生活的眷恋。

元代万寿山的布局仍然继承金代以来保存之秦、汉神仙岛的构架,建筑名称及布局上均反映出仙山楼阁的构思。《辍耕录》中对万寿山的景观描述:"其山皆玲珑石为之,峰峦隐映,松桧隆郁,秀若天成。"可以想见,登上广寒殿举目纵览时,近为太液、远眺西山、大都内整齐的街坊人家尽在眼底的绮丽情景。

西御苑 元大都皇城内的另一个宫苑是隆福宫的西御苑。这个御苑是以叠石假山为主的布局,假山上有香殿,殿后有石台;假山前有流杯池,池前是圆殿,殿前又有歇山殿。这些建筑物都布置在一条轴线上。流杯亭的东西两侧各有一个流水圆亭。这一布局与今日的北京故宫御花园类似。

西湖 元大都西郊有西山和西湖,也是元代皇帝常去游幸之地。西湖距玉泉山不远,金代的玉泉山行宫则为元朝沿用。西湖因地势低洼,汇集诸泉之水后形成很大的水面,元时俗称大泊湖。西湖之北有山,原名金山,后因在山中掘出一个雅致的石瓮,遂改称瓮山,西湖也随之改称瓮山泊,即今颐和园与万寿山的前身。元朝时自瓮山泊南端开凿河道直通大都,称玉河,主要是为了解决城内用水和保证漕运的水量而开挖的。水从大都的北城门引入,汇为积水潭(今北京仍有此地名)。元朝皇帝至西湖赏游时多乘船经玉河前往。

由于元朝的统治期未超过100年,政治上又长期陷入争夺皇位的权力斗争,而经济上自元世祖以来便处于危机重重的境地,因此在皇家苑囿的建设上不可能有很多作为。

3. 明北京诸苑

元朝统治中国的90年间,因晚期十分荒淫腐朽,对人民又施以残酷奴役和压制,各地义军遂蜂起群拥,在朱元璋的领导下于公元1368年推翻元朝建立明帝国,并定都于应天府(今南京)。公元1398年明太祖朱元璋逝后由其嫡孙朱允炆继位,公元1403年燕王朱棣以"清君侧"为名推翻其侄朱允炆登上帝位,是为明成祖。明成祖于永乐十八年(1420年)迁都北平,改名北京,将应天府改称南京。

明初在政治、经济、军事的改革上都有所建树,商业、手工业和科学技术也有较大发展,但是终明一代统治中国的

近300年间,明主和昏君交替出现,真正的兴盛期不过100年。明中叶以后内忧外患频仍,统治阶层也逐渐腐败,重蹈历代封建政权的覆辙。

明成祖迁都北京后即着手营建宫殿城池。明代的北京城是在元大都的基础上营建的,至嘉靖年间增建南面的外城,形成北京城最后的格局。明代皇帝自朱元璋开始便致力于宫殿、城池、陵墓和水利的建设,至于娱乐性的苑囿一直沿用金、元时代留下的御园,以太液池以西的西苑为主,只是在苑中增加一些建筑物。明时宫中人称太液池为"金海",又将其分为三海:蜈蚣桥以南为南海,金鳌玉𬟽桥以北为北海,两桥之间为中海。三海形成一条狭长的水域经过皇城,在宫城之西流过。海中有三岛,自北至南有琼华岛、圆台岛和南台岛,被认为是秦、汉以来神仙宫苑"一池三山"格局的继承。

西苑是明代最主要的宫苑。有关明代西苑的记述不多,但是有宣宗和英宗时赐大臣和权贵们游西苑的记载。在《赐游西苑记》中说:"西苑在宫垣西,中有太液池,周十余里,池中驾桥梁以通往来。桥东为圆台(今团城),台上为圆殿(今之仪天殿,明称承光殿),殿前有古松数株,其北即万岁山(即琼华岛),山皆太湖石堆成,上有亭殿六七所,最高处广寒殿也。池西南又有一山,最高处为镜殿,乃金元时所作。其西南曰南台,则宣宗常幸处也。"明代宫中人称南台

北海琼华岛

明代娱乐性的苑囿一直沿用金元时代留下的御园,其中以太液池以西的西苑为主,仅于苑中增加一些建筑物。明朝时称太液池为金海,并将其分成三海,海中有琼华、圆台、南台三岛自北而南排列,承继秦、汉以来神仙宫苑"一池三山"的格局。琼华岛基本上仍持续元朝时的状况,仅于岛的北面增建一些景物。今琼华岛上醒目的喇嘛塔白塔,为清世祖顺治时在原广寒殿遗址上改建的。

为南海，清时才称瀛台。明代把椒园称作中海，太素殿称作北海，且沿用至今。至于南海于明代何时开凿则不详。

明时的琼华岛基本上仍持续元朝时的状况，仅于岛的北面增建一些景物；中海和南海则是明代营建的。根据英宗时赏赐一些大臣游西苑的记载，中海部分有森森林木，池中有蒲苇芰荷，岸上有榆柳桃杏，主要的苑中之园有椒园(即以后的蕉园)，园中有金碧辉煌的崇智殿，殿南有金鱼池，殿西有玩芳亭，殿北有钓鱼台等景物。在太液池西北隅临池有太素殿(今五龙亭址)；殿后有草亭名岁寒亭。此外还有临池的远趣轩、会景亭。太液池西岸有饲养禽鸟之所，临池有迎翠殿、澄波亭等。

南海的主要建筑是南台(清代改名瀛台)，台上有昭和殿，明代有"踞地颇高，俯瞰桥南一带景物"的记载。台下左右是廨宇，台北临池有御驾登舟之涌翠亭。另外，南海的西岸还有射苑、兔园及叠石假山洞穴等，射苑曾是明武宗正德皇帝阅射之地。台的南面则是一片村舍稻田的田园景色，皇帝常到此眺望村舍野景。

除了上述的御苑外，明代还在北京城西北郊的大泊湖修建好山园行宫(今颐和园前身)，将瓮山又改回旧名金山，将大泊湖改称金海，俗名西湖，湖滨有钓台、武备，正德皇帝常至此垂钓或狩猎。

颐和园佛香阁 / 左上

耸立于万寿山南坡中段20米高台上的佛香阁为八面三重檐的楼、塔、阁相结合的巨型建筑。自临湖的云辉玉宇牌坊向上层层上升到智慧海的这组建筑群，全覆以黄色琉璃瓦，在阳光下闪耀生辉，呈现皇家苑囿的恢宏气派。

避暑山庄金山 / 左中

澄湖东岸金山顶上有座上帝阁，顺阁而下依次为天宇咸畅殿、方洲亭、镜水云岑殿，依山势层叠成环抱形势。这组建筑群乃模仿镇江金山寺"寺裹山"之意境而建。

北海五龙亭 / 下

北海西北隅岸滨呈雁行状对称布置的五座方亭，中亭最高，两侧逐渐降低。中亭屋顶在方顶上又加以圆顶，其余四亭均为方顶，取天圆地方之意。

最后兴盛时期
——集中国皇家造园大成的清代苑囿

中国东北部的女真族于公元16世纪末、17世纪初在松花江、牡丹江流域崛起。公元1644年福临在北京登上皇位，建立清王朝，国号顺治。清初在政权巩固后，采取安定社会、恢复农业、奖励垦荒、兴修水利、减免赋税等措施，因此社会经济不断发展。顺治以后的康熙、雍正、乾隆三代是清王朝国力最强盛时期，因此统治者能有相当的财力用于苑囿的建设，供其享乐。加上康、乾二帝对中国传统文化都有较高素养，在他们的影响下，中国文人园林的一些诗情雅趣和造园技巧纳入传统的皇家苑囿之中，因此中国的皇家造园活动提高到了一个更高的文化层面。特别是乾隆皇帝，广泛搜集海内诗文字画珍品，更喜爱游山玩水。他在三十余年间曾经六次下江南巡视，主要目的虽为笼络江南士人和巡视水利建设，但其足迹遍及苏、杭各地，赏游名园、山水胜迹。凡是他欣赏的园林，都要随行的画师画成粉本携回北京，供营建皇家苑囿时作参考，力图收入皇家苑囿之中。这种收天下美景于一苑的思想虽肇始于宋徽宗造艮岳，但达于极致则为清乾隆时期。从秦、汉时期摹造幻想中的神山仙岛,发展到摹写真实而理想的美景,不能不说是很大的进步。

清代定都北京,宫殿城池仍沿明制,明代的宫殿遂得以全部保存下来。在乾隆盛世的60年间,由于他对园林的钟情,所以皇家苑囿的建设从未间断。无论是在皇城内外、城市近郊还是远及承德,到处都兴建园林,包括不同大小和不同类型的花园,可以说他走到哪儿就在哪儿建园。总而言之,皇城内的御园有前朝遗留的西苑三海、建福宫花园、慈宁宫花园、宁寿宫花园,近郊和远郊的苑囿有畅春园、圆明园、静宜园、清漪园、静明园、熙春园、乐善园、南苑行宫、汤泉行宫、钓鱼台行宫、滦阳行宫、盘山静寄山庄,以及远离京畿的大型苑囿——承德避暑山庄。可说凡是京城附近自然优美之地全部为皇家占用。

清代主要的皇家苑囿集中于北京的西北郊,因为这里山水秀丽、水源丰富,具有理想的建园条件,著称于时的有三山五园:香山静宜园、玉泉山静明园、万寿山清漪园及圆明园和畅春园。清代皇家苑囿规模都较大,一般都有数百公顷。

统治者在造园方面的观念改变是清代皇家苑囿取得辉煌成就的重要主观因素。康熙皇帝认为园林的规划设计应

北海琼华岛白塔局部 / 左

琼华岛上的醒目建筑,覆钵式塔身正面有门式眼光门,门内刻有藏文咒语。塔身上部为细长圆锥形的十三天,顶端承托铜质伞盖,四周悬挂36个风铃和14个铜钟,最上为镏金火焰珠塔刹。

北海琼华岛南面 / 右

琼华岛南坡有一条明显的中轴线,自山顶耀眼的白塔而南,依次有善因殿、永安寺、堆云牌坊、弓桥、积翠牌坊,都布置在这条南北轴线上。蓝天、白塔、红墙、绿瓦,以及满地的芰荷,组成一支美妙的园林交响曲。

"度高平远近之差，开自然峰岚之势。依松为斋，则巧崖润色，引水在亭，则榛烟出谷，皆非人力之所能，借芳甸为之助"。乾隆皇帝也曾写道："若夫崇山峻岭，水态林姿，鹤鹿之游，鸢鱼之乐。加之岩斋溪阁，芳草古木，物有天然之趣，人忘尘市之怀，较之汉、唐离宫别苑，有过之无不及也。"他们都在追求园林的自然之趣和自然之美，而非秦、汉以来在苑囿中迷恋物欲的宫室建筑。

西海子

清代的内苑仍为元、明以来的三海。清时统称为西海子。

北海　北海的范围仍保持明代的规模，但园中的建筑有较大变化。琼华岛上的广寒殿已于明万历年间倒塌，清世祖顺治接受西域喇嘛的建议在原广寒殿遗址上建造巨大的喇嘛塔，即白塔，把万岁山改名白塔山，并将殿南的一些殿堂拆除，改建白塔寺。乾隆时在白塔山四周增建许多亭台楼阁，并写了四篇文章记述其事。

白塔山高23.8米，白塔高35.9米，塔的造型清秀，塔顶上立有伞盖宝顶，直指高空，在北京常见的蓝天衬映下十分优美动人，成为北京城的重要标志之一。紧靠白塔的南侧下方，有一座建于高台上的琉璃殿，名善因殿，外壁砌以琉璃砖，砖上塑有千手千眼佛。殿中供文殊菩萨铜像，俗名"镇海佛"。旧时传说塔下有海眼，此佛可镇水患。顺治时在白塔山南麓于明代兴建之仁智、介福、延和三大殿的旧址上建白塔寺，乾隆时改名永安寺。寺院依山势层层下降，主要殿宇有法轮殿、正觉殿、普安殿和钟鼓楼等。过永安寺山门向南是永安桥，桥的南北两端有二牌坊名"堆云"、"积翠"。过桥便直抵团城高墙。从白塔至此形成全园的一条南北轴线。在白塔山的西坡上部有悦心殿，坐北朝南，殿前有宽阔的平台。殿旁原有燕京八景之一的"琼岛春阴"石幢，后于乾隆年间迁到白塔山东麓现址。悦心殿是皇帝召见大臣、处理公务的地方，并于每年冬天到此观看冰嬉。悦心殿后(北)为庆霄楼，楼名寓意琼楼玉宇高抵霄汉，此处也是观看海上滑冰操

北海见春亭 / 上

琼华岛东坡上典型的清式八柱圆亭。亭前的石阶和散置路边立石的自然形态，衬托小亭愈加金碧辉煌。亭后接洞口，进洞盘旋而上可达古遗堂。

北海延南薰 / 下

位于琼华岛北坡的中央，周围环抱以山石。建筑平面呈扇面形，前有一三角形平台，地面则做成扇骨图形，侧面亦设有扇面形的窗洞。

练之所。阅古楼在白塔山西坡底部，楼为两层，上下各15间，左右环抱成马蹄形的庭院。楼中存放乾隆年间摹制的王羲之《快雪时晴帖》、王献之《中秋帖》、王珣《伯远帖》墨迹石刻，共495块嵌于壁上，因原帖存放在故宫养心殿的三希堂内，故称"三希帖"。白塔山东坡有智珠殿，向东直抵陟山桥。智珠殿内供文殊佛。殿北有见春亭，亭北为"琼岛春阴"石幢。据说乾隆皇帝依《易经》384爻之东方代表春季之论，遂将原放在悦心殿前的石幢迁于此。

白塔山北坡是北海园林艺术精华所在，它的主题在表现仙山楼阁境界。自山麓以上有许多由太湖石构成的山阴石洞委婉相接，上下曲折，或明或暗，把中国造园艺术中之假山技艺发挥得淋漓尽致，而这些山石大多是从北宋汴梁的寿山艮岳移来。北坡的高处有览翠轩，轩前有赏景的平

台，可眺望海北的广阔风景。北坡主要有两组亭阁，以岩室、磴道上下盘曲连通。东部的一组是由见春亭穿洞至古遗堂，再至看画廊，从看画廊通过爬山廊至交翠亭；古遗堂前后有岙影亭。另一组在北坡的中部，从山麓处的嵌岩室经爬山廊至环碧楼的上层和盘岚精舍。在盘岚精舍前下方的山坡上有方亭一壶天地，向北经宛转洞室可上至扇面形建筑延南薰。此外，在北坡中部西侧的下方还点缀着小昆邱亭；再西的半山间有仙人承露盘，建在一个方形高台上，一个铜人手擎荷花形大铜盘立在一根汉白玉石的蟠龙柱顶上。相传汉武帝时相信长生不老之说，以为服食玉屑拌朝露可长生不死，遂铸铜人；元朝忽必烈从陕西运至大都，置于琼华岛东，后迁此。北坡山脚沿池边有一弧线形延楼，是乾隆时仿镇江金山江天寺的形势建造的，以漪澜堂为中心，共60间，楼的下面为临水游廊，有皇帝登舟的御用码头。因延楼遮挡北坡的山景，破坏琼华岛仙山楼阁的意境，一般认为是乾隆的一处败笔。

　　乾隆时还在北海东岸增建濠濮间、春雨林塘殿、画舫斋，东北角增建先蚕坛，北岸的镜清斋、天王殿琉璃阁、澄观堂、阐福寺、西天梵境等斋堂梵宇，形成今天我们所见的布局。

　　濠濮间是仿江南园林建造的一处十分清幽的园中之园，山水亭榭古朴自然，取名于梁简文帝入华林园"濠

南海翔鸾阁东侧延楼内庭院 /左

翔鸾阁在瀛台最北端，东侧的延楼长19间，与瀛台外缘平行。庭院中有错叠的山石和苍松翠柏，环境清幽。登上翔鸾阁，可眺望南海的绮丽风光。

南海春藕斋和纯一斋 /右

南海北岸园中之园静谷中的两座主要建筑，周围有长廊和水池环境，环境优美。图中左侧建筑为春藕斋，是静谷中最为雄伟华丽的建筑，其前有石栏杆围护的平台，跨于水面上。

濮间想"的典故，是皇帝赐宴大臣之所。濠濮间北有座三进院落的建筑，名春雨林塘，其中主体建筑名画舫斋，为一方形封闭水院，是宫廷画师作画之所。画舫斋北之先蚕坛，乃根据传说中黄帝妻嫘祖养蚕织丝之故事而设的祭坛建筑，历代后妃年年于此举行隆重祭祀。太液池北岸有一处精美的园中之园，即镜清斋，后改名为静心斋，原建于明朝，清乾隆时改建，是太子读书处。静心斋前部是一个封闭的小水院，后部是以沁泉廊为中心的山石水景区。西天梵境在静心斋之西，原是明代的喇嘛庙，清时改建，更名西天梵境，主殿大慈真如殿之后有琉璃阁无梁殿，外壁嵌有五彩琉璃佛像砖，殿前有一座精美的琉璃牌坊名般若祥云。西天梵境之西有九龙壁琉璃墙，墙西为阐福寺，其东为澄观堂。阐福寺南、太液池之北岸有五龙亭，明代为太素殿，顺治时改建五亭。五亭之中亭用圆形顶，左右各为方顶，取天圆地方之意；中亭是皇帝垂钓处。太液池之西北角有一方形大殿名极乐世界，也称方殿，是乾隆为其母六秩寿辰建造的，作为祈福求寿之所；殿内有座五百罗汉和南海普陀山模型，现存者已非原物。

中南海 南海一区的瀛台岛在顺治、康熙时都曾大规模地修建，为帝后们避暑之地，也是康熙皇帝垂钓、看烟火、赐宴王公宗室等活动之所。公元1898年戊戌变法失败后，光绪皇帝被囚禁并逝于此。瀛台北面的石桥为近代兴建,清时是木桥,桥板为活动式,不用时则撤掉,因此光绪帝无法走出瀛台。

瀛台之名取自传说中的东海仙岛瀛洲,寓意人间仙境。岛上的建筑物按轴线对称布局,主要建筑都在轴线上,自北至南有翔鸾阁、涵元门、涵元殿、蓬莱阁、香扆殿、迎薰亭等,与东西朝向的殿宇祥辉楼、景星殿、庆云殿等共同组成三重封闭的庭院。沿瀛台岛又点缀了许多赏游的建筑:东面有补桐书屋、随安室、镜光亭、倚丹轩,以及建于水中的鱼亭;西面有长春书屋、八音克谐亭、怀抱爽亭等。另有宝月楼与瀛台隔海相望(袁世凯窃政时改为新华门)。南海的东北隅有韵古堂,即瀛洲在望。堂东有立于池中的流杯亭,昔日有飞泉瀑布下注池中,乾隆帝题有"流水音"匾;亭内地面上凿有流水九曲,乃沿袭古代"曲水流觞"的习俗。

中海一区的主要殿宇包括勤政殿,与瀛台岛隔水相望,是慈禧处理政务之所。慈禧曾在这里铺设一条轻便铁路通往作为别墅的静心斋。勤政殿西有结秀亭,亭西为丰泽园,园外有稻田数亩,是皇帝演耕的地方;园内有颐年堂、澄怀堂、菊香书屋,颐年堂西有春藕斋、居仁堂、植秀轩等。丰泽园西为静谷,是一座非常幽静的园中之园,园内屏山镜水,云岩毓秀,曲径通幽。

圆明园

清代在北京西北郊营建离宫别馆始于康熙皇帝。康熙于

长春园西洋楼遗址

在长春园北部不到100米的狭长地带,有朗世宁、蒋友仁、王致诚等人设计监造的欧式宫殿建筑群,不仅吸收当时欧洲宫廷建筑的精华,也融进了不少中国传统手法,使西洋楼成为世界建筑史上少有的中西合璧杰作。可惜今日仅残存部分遗址可资凭吊。

南巡回京后，因羡慕江南湖山之美，乃就西郊海淀西丹陵沜浅湖地带之明代李伟的清华园故址建畅春园，是清代大规模营建西郊园林之始。其后改明代之澄心园为静明园，又建香山静宜园，此后清代皇帝除于夏季前往热河避暑外，园居几占全年三分之二，故清代皇家苑囿内都设有朝房、寝宫。雍正时扩建圆明园，乾隆时再度扩充并增建长春、万春二园，

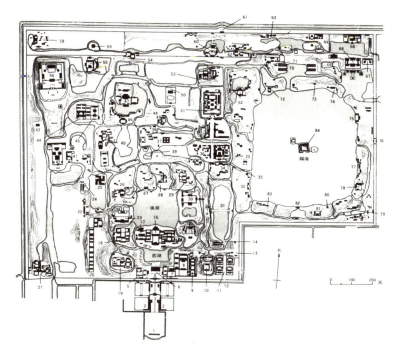

圆明园平面图

1.照壁 2.转角朝房 3.圆明园大宫门 4.出入贤良门 5.翻书房茶膳房 6.正大光明殿 7.勤政亲贤殿 8.保合太和殿 9.吉祥所 10.前垂天贶 11.洞天深处 12.福园门 13.如意馆 14.南船坞 15.镂月开云 16.九洲清晏殿 17.慎德堂 18.茹古涵今 19.长春仙馆 20.十三所 21.藻园 22.山高水长 23.坦坦荡荡 24.西船坞 25.万方安和 26.杏花春馆 27.上下天光 28.慈云普护 29.碧桐书院 30.天然图画 31.九孔桥 32.澡身浴德 33.延真院 34.曲院风荷 35.同乐园 36.坐石临流 37.澹泊宁静 38.多稼轩 39.天神坛 40.武陵春色 41.法源楼 42.月地云居 43.刘猛将军 44.日天琳宇 45.瑞应宫 46.汇万总春之庙 47.濂溪乐处 48.柳浪闻莺 49.水木明瑟 50.文源阁 51.舍王城 52.廓然大公 53.西峰秀色 54.多稼如云 55.汇芳书院 56.安佑宫 57.西北门 58.紫碧山房 59.顺木天 60.鱼跃鸢飞 61.大北门 62.课农轩 63.若帆之阁 64.清旷楼 65.关帝庙 66.天宇空明 67.蕊珠宫 68.万壶胜境 69.三潭印月 70.大船坞 71.安澜园 72.平湖秋月 73.君子轩 74.藏密楼 75.雷峰夕照 76.明春门 77.接秀山房 78.观鱼跃 79.别有洞天 80.南屏晚钟 81.广音宫 82.夹镜鸣琴 83.湖山在望 84.蓬岛瑶台

同时扩建静明、静宜二园和清漪园,号称三山五园,使中国皇家苑囿的建设达于高潮。尤其是圆明园被誉为万园之园,标志着中国皇家苑囿的建造水准达到顶峰。

1. 圆明园

圆明园建于清朝国力鼎盛的康、乾时期,毁于咸丰十年(1860年)英法联军入侵之役。同治时曾下令修复,终因国力不支而未能实现。公元1900年八国联军入侵,圆明园再度被洗劫焚烧,虽残留一些颓垣断壁和石雕,也逐渐被移走或盗卖,今日所见仅其遗址公园。

圆明园在玉泉山瓮山诸泉下游,水源丰富,地形低平多湖沼,西面的西山景色宜人,在中国传统擅长的平地造园中具备极有利的条件。圆明园基址原为明代懿戚李伟的别墅,规模不大。清顺治时赐其子康熙,后康熙又赐其子雍正作

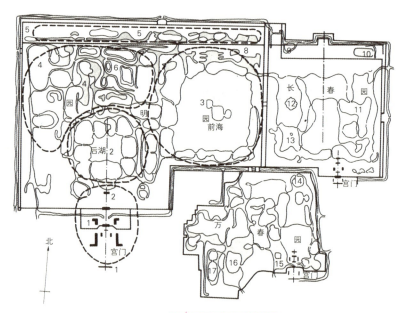

圆明园三园平面组合图

1.照壁 2.正大光明殿 3.藻园 4.安佑宫 5.紫碧山房 6.文源阁 7.天宇空明 8.方壶胜境 9.方外观 10.方河 11.玉玲珑馆 12.海岳开襟 13.思永斋 14.凤麟洲 15.鉴碧亭 16.澄心堂 17.畅和堂
1.宫廷区 2.后湖区 3.福海景区 4.小园林集群 5.北墙内狭长地带

长春园远瀛观遗址

远瀛观是一组大型建筑的统称。南北轴线上分为三部分，最北的高台上是远瀛观，中间是大水法，最南端为观水法；远瀛观为重檐琉璃瓦顶，采用大跨度柁梁，建筑装饰十分讲究。

读书处，并在园中辟地筑室。"圆明"二字由康熙钦定并书写匾额悬于殿前，雍正时又写了匾额悬于宫门前。"圆明"二字意"圆而入神，君子之时中也。明而普照，达人之睿智也"，把中庸之道与聪颖睿智作为人主之座右铭。圆明园从康熙四十八年(1709年)开始营建到乾隆九年(1744年)完成40景，历时35年。乾隆时又在圆明园东侧和南侧修建长春园和万春园，三园如倒品字形相邻，只以隔墙、甬道划分，而且水系相通，所以一般在谈到圆明园时也包括这两处较小一点的御园。

圆明园占地约200公顷，是以水为主的大型苑囿，园中人工湖泊罗布，水道纵横，主次脉络分明。整个水系将全园大致划分为五个不同功能和性格的区域。利用开挖水系的土堆山，山高一般在10米以下，结合水系分布而逶迤起伏，形成有如天然图画的山水空间，为布置功能与形式各异的建筑群创造理想环境。水系除提供游览线之外，也是园内供应的交通线。

第一区 圆明园的第一区是南部的宫廷区，属中国皇家苑囿前宫后寝的传统布局。自南面的大宫门进入，穿过出入贤良门至主殿正大光明殿,殿后是寿山,山后临前湖。这是一组排列在一条主要南北轴线上的建筑群,具有庄严的宫廷气氛,是接受朝贺和召集朝会之所。其东侧有勤政亲贤殿、保合太和殿等,前者是皇帝批阅奏章、召见大臣的地方。这组建筑群中设有内阁、六部、军机等中枢部门。

第二区 圆明园的第二区在宫廷区的正北面,以后湖为中心的居住游览区,也称后湖区。后湖区由分布在中央大水面周围的九个岛组成,如同一个巨大的花环。各岛之间有水道分隔,九岛的格局则象征九洲的团结和升平。九个岛上都有一组形式不同的建筑群。九岛名为:九洲清晏、茹古涵今、坦坦荡荡、杏花春馆、上下天光、慈云普护、碧桐书院、天然图画、镂月开云。九洲清晏是这一区的主体,虽与宫廷区之间有后湖间隔,但其建筑群仍布置在宫廷区轴线的延长线上。主要建筑物自南至北有圆明园殿、奉三无私殿、九洲清晏殿;在东西两侧则是层层院落,以游廊连接。这组建筑南临前湖,北界后湖,是皇帝处理日常事务和接见大臣之所。西面的院落是皇帝的寝宫,东面则为后妃居所。杏花春馆是后湖区第二大岛,山水建筑布置模仿村野景色,是皇帝寻欢作乐的地方之一。特别是咸丰皇帝沉湎女色,当时园中传有四春之宠——杏花春、武陵春、牡丹春、海棠春,这几处都是汉族美女分居亭馆,是为宫廷中所不容许的。

第三区 圆明园中的第三区是后湖区东侧的福海区。福海亦称东湖,是园中最大的水面,近方形,面积约28公顷。在福海的水中央有大小三座以桥连接的岛,岛上的琼楼玉宇仿唐大画家李思训仙山楼阁画意布置,取名蓬岛瑶台,象征东海蓬莱之仙山,是秦汉宫苑"一池三山"格局的继承。从海的四周看三岛,有可望而不可及的意境。沿福海四周绕以水系隔开的许多小岛,岛上堆起尺度不大但形势各异的土山,山上缀以青松翠柏和一些小巧玲珑的建筑,构成许多风景点:南岸有湖山在望、一碧万顷、夹镜鸣琴、广音宫、南屏晚钟、别有洞天;东岸有观鱼跃、接秀山房、涵虚朗鉴、雷峰夕照;北岸有藏密楼、君子轩、双峰插云、四宜书屋、平湖秋月、曲院风荷；西岸有深柳读书堂、望瀛洲、澡身浴德。福海的东北隅有方壶胜境，是祭祀海仙的地方，建筑高大华丽，布局对称庄严，前方有三座亭台伸入池中，整个建筑群金碧辉煌，宛如神宫。福海的西北隅有廓然大公，是一处十分精雅的园中之园。

第四区　圆明园的第四区是后湖北面和西北面的广大区域。纵横的水道将土地划分成交错且极不规则的形状，其中分布许多景点。自西向东流过的三条水道连接着近20个风景点，如鸿慈永祜、月地云居、汇芳书院、断桥残雪、日天琳宇、武陵春色、花神庙、濂溪乐处、柳浪闻莺、水木明瑟、文源阁、澹泊宁静、花港观鱼、西峰秀色、舍王城、买卖街、同乐园等。这一区的景物各有千秋，绝无雷同。无论从水上或陆上游览，景物忽隐忽现，变化无穷，显示出山外有山、水中有水的奇妙境界。这里有祠庙、佛城、市井、书楼，有模仿西湖名胜，有以《桃花源记》为主题的景观，也有再现庐山的秀色。

第五区　圆明园的第五区是北墙内长约1.6公里的狭长地带，包括三个以墙垣隔开的空间，自西向东分布有三组建筑：紫碧山房，一个幽静的小园；鱼跃鸢飞，皇帝远眺园外野景处；天宇空明等。

2. 长春园

圆明园东侧的长春园建于乾隆十六年(1751年)，规模约为圆明园的三分之一，也是以水为主的御园。正宫门在南面，进门后的一组庭院是澹怀堂，堂东有茹园，西有倩园。北面过长桥是中央大岛，岛上有假山石阜，主要建筑有含经堂、淳化阁；淳化阁因存淳化阁法帖石刻而得名。东面有一小岛名玉玲珑馆，西南有思永斋，斋北另一小岛上有二层小阁名金阁，象征海市蜃楼奇景。园北部有泽兰堂、狮子林、宝相寺、法慧寺等。

乾隆皇帝因受西方教士影响，对欧洲建筑与花园产生猎奇心理，并于乾隆十二年(1747年)下令在长春园北部一条狭长土地上建造西洋楼，至公元1760年完成，历时13年。自

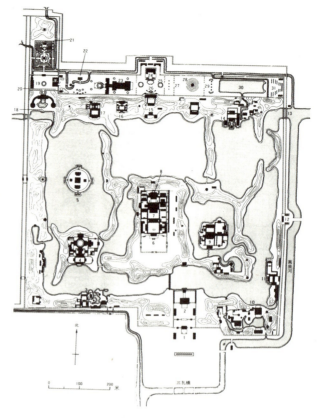

长春园平面图

1.长春园大宫门 2.澹怀堂 3.倩园 4.思永斋 5.海岳开襟 6.舍经堂 7.淳化阁 8.蕴真斋 9.玉玲珑馆 10.茹园 11.鉴园 12.大东门 13.七孔闸 14.狮子林 15.泽兰堂 16.宝相寺 17.法慧寺 18.谐奇趣 19.蓄水楼 20.养雀笼 21.万花阵 22.方外观 23.海晏堂 24.远瀛观 25.大水法 26.观水法 27.线法山正门 28.线法山 29.螺丝牌楼 30.方河 31.线法墙

西向东先后建成：谐奇趣和喷水池，为演奏回、蒙、西域音乐之地点；方外观，乾隆宠妃香妃作礼拜之所；海晏堂是其中最大的建筑，装有西洋喷水机械设备；远瀛观和观前的大水法(即大喷水池)，这些建筑都是法国洛可可式；再东便是线法山，山之东有一狭长的矩形水池名方池，池东为线法墙。线法山是清帝环山跑马之所，线法墙则是类似布景的舞台布置，在一些平行排列的墙上挂着香妃故乡的风景油画，可以随时更换，以慰其思乡之情。今日西洋楼遗址上仍兀立着石柱和水法的残骸，在夕阳余辉的映照中，仍然散发出一缕缕金碧然而悲哀的气息，似乎向人们诉说其辉煌的历史。

长春园海晏堂遗址

海晏堂在方外观之东，乃西洋楼建筑中最大的一座，主体建筑为二层楼房，面西而立。门前石阶下有蓄水池，池边排列依十二生肖铸造的人体兽头铜像，经由水法驱动而轮流喷水，正午时分则一齐喷水。海晏堂后方则是与其相连之安放提水车和蓄水的工字形楼。

长春园方外观遗址

方外观于乾隆二十五年(1760年)竣工，建筑物都以大理石加刻回形纹作装饰，具有新疆少数民族宫苑建筑的特色。据说这里是乾隆专门为香妃作礼拜和园居而建。

3. 万春园

万春园在圆明园和长春园南，规模略小于长春园，也是一个水景园。入门渡桥便是一个大岛，岛上有凝辉堂、中和堂、集禧堂、天地一家春、蔚藻堂等多处庭院，乃皇太后和妃嫔居住之所。在大岛的北面和西北面还有许多大小岛屿，西南面则有几处以墙隔开的小园。整个万春园的建筑群有二十余处。

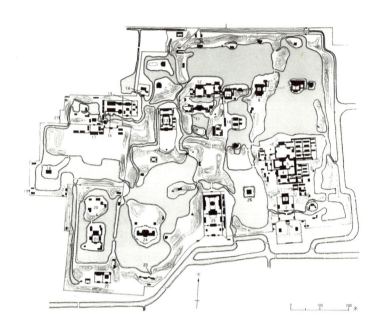

万春园平面图

1.万春园大宫门 2.凝辉堂 3.中和堂 4.集禧堂 5.天地一家春 6.蔚藻堂 7.凤麟洲 8.涵秋馆 9.展诗应律 10.庄严法界 11.生冬室 12.春泽斋 13.四宜书屋 14.知乐轩 15.延寿寺 16.清夏堂 17.含晖楼 18.招凉榭 19.运料门 20.绿满轩 21.畅和堂 22.河神庙 23.点景房 24.澄心堂 25.正觉寺 26.鉴碧亭 27.西爽村门

静宜园

香山静宜园是在金朝香山行宫旧址上兴建的。香山位于北京西郊西山东坡之腹心,峰峦叠嶂,涧壑交错,风景天成。明代时已有一些佛寺在此建立,如香山寺、洪光寺、光裕寺、慈寿庵等。乾隆十年(1745年)大兴土木,建造许多殿阁塔坊,收规大片土地,定名为静宜园,经过多次战火,目前大部均已毁圮。

静宜园占地约150公顷,周围依山势建造宫墙。宫墙内又分为内垣、外垣和别垣三个部分,共有建筑群、风景点约50处,其中乾隆题名者有28景。

内垣 东北部的内垣是建筑密集区,包括宫廷区和古刹香山寺、洪光寺,而宫廷区和其他宫苑一样,坐西向东。从东面的宫门进入，有勤政殿以及内寝殿宇横秀馆、丽瞩楼等，布置在一条轴线上。中宫在宫廷区南，属内寝宫，其南门外有璎珞岩、清音亭、翠微亭、青未了等点景赏景建筑。西南面有驯马坡、龙王庙、双井等景点。再南有松坞云在，亦名双清，因院中有清泉而得名，且乾隆在山泉旁石崖上题有"双清"二字。双清的西北是香山寺，今遗址中仅存乾隆手书石刻"娑罗树歌"石碑一通。香山寺西北有九曲十八盘山道，北有玉华寺，即今之玉华山庄。内苑的西北山坡上还有玉乳泉、观赏秋林景色的绚秋亭，以及观赏山雨的雨香馆三处景点。

外垣 外垣是香山的高山区，有15处风景点分布，如芙蓉坪、晞阳河、香雾窟、竹炉精舍、楼月崖、重翠崦、洁素履。

别垣 别垣内有两组建筑群：昭庙与正凝堂。昭庙是乾隆四十七年（1782年）为纪念班禅来京为其祝寿而造的，全名宗镜大昭之庙。这是一座藏汉混合式的喇嘛庙，庙内有白台、红台和七级琉璃宝塔。正凝堂在昭庙之北，原是明代一座废园，嘉庆年间改建为依山傍水的精美园中之园，名见心斋。此园和昭庙是公元1860年英法联军之役中的幸存者。

静明园

玉泉山静明园在北京西北郊，颐和园之西。清朝皇帝乘船穿过颐和园昆明湖西堤之玉带桥，经玉河可直抵静明园小东门外之御码头。

玉泉山景色优美，明代以来就是"燕京八景"之一。这里泉水丰富，其中著名者有玉泉、裂帛泉、龙泉等，还有其他许多泉水，历来皆是北京的水源地。由于玉泉水质优良，乾隆遂钦定为天下第一泉。玉泉向东汇为大湖，今颐和园昆明湖即其一部分，但因逐渐淤积而日渐缩小。自明代开始，这里便集中了许多私园和寺观佛塔，成为风景游览胜地。康熙因欣赏此地的湖光山色，乃于康熙十九年（1680年）将大片土地规划为禁地，建设行宫，定其名为澄心园，公元1692年更名为静明园，成为皇家专用御园，因此与一般百姓绝缘。

静明园是一座山地园，南北狭长，占地约65公顷。依其地形大体上可分为三区：山南、山东和山西。

山南区 即山之南坡，山麓下有玉泉湖和裂帛湖及迂回的水道，该区为全园的主体。由南面的正宫门进入是由廓然大公和涵万象等宫殿组成的宫廷区。涵万象北临玉泉湖中按"一池三山"传统布置的三岛，大岛上有乐成阁，与宫廷区建筑同样安排在一条轴线上。玉泉湖西岸有玉泉趵突一景，并有乾隆手书"天下第一泉"石碑。泉北有龙王庙、竹垆山房。山坡上有开锦斋、赏迁楼及吕祖洞、观音洞、真武庙、双关帝庙等。玉泉湖北岸有一座粉墙曲廊围成的山石庭院，也是主要的园中之园——翠云嘉荫。此区包括玉泉主峰，峰顶有香严寺、普门观一组寺观建筑，居中为七层八面的琉璃塔玉峰塔，仿镇江金山寺形制建造。登塔可眺望山南山北湖光潋影，并且成为颐和园西面的借景，也是北京西郊风景点的重要标志之一。山南余脉的侧峰上有华藏海佛寺和华藏塔，山坡上则布有漱芳斋、层明宇、福地幽居、绣壁诗态、圣因综绘等景点。

山东区 山东区主要是围绕一个小湖——影镜湖布置一些建筑物，湖北岸有风篁清听，东岸有延绿厅，西岸有影镜函虚。沿湖有水廊分鉴曲和写琴廊，逶迤向南到试墨泉。此区的北侧峰顶有妙高寺和喇嘛塔妙高塔，山坡上有楞伽洞、小飞来、乐极洞等洞景。在山梁上还有峡雪琴音一组赏景建筑。

山西区 山西区集中了许多寺观，有规模可观的道教建筑东岳庙，以及圣缘寺、清凉禅窟小园和采香云径小景。

静明园于咸丰十年英法联军之役被焚毁，光绪时曾经修复一部分，今日尚有少数的景点和残迹可资凭吊。

颐和园

颐和园即清漪园，在北京西北郊约10公里处。金朝海陵王迁都燕京后在此建金山行宫为滥觞，金章宗时则引玉泉诸水至金山脚下取名金水池。元时改金山为瓮山，改金水池为瓮山泊。明时在山顶建圆静寺，正德皇帝则建造好山园行宫，俗名西湖景。

清乾隆十五年（1750年）为祝母后六十寿辰，遂毁明之圆静寺，改建大报恩延寿寺，改瓮山为万寿山。在此之前，乾隆因模仿汉武帝在长安掘昆明湖操练水军而拓宽湖水，并改称为昆明湖。当时将万寿山及昆明湖统称为清漪

颐和园画中游

万寿山西坡一组规模较大的建筑群。中为八角两层楼阁，东西配置两亭两楼，阁后有白石牌坊，山顶有座三间小殿，以廊连通。这种依地形变化所作之巧妙布局，使人行其间如入图画。画面前的临湖建筑为鱼藻轩。

颐和园铜亭

铜亭正名宝云阁，位于佛香阁西面的山坡上，与东面的转轮藏对称。这座建在汉白玉须弥座上的双层铜造殿阁，高7.55米，重210吨，全部构件均仿木建筑，通体为蟹青色，是古建筑中之珍品。

园。1860年英法联军之役，除多宝琉璃塔、香岩宗印之阁、铜亭等少数耐火建筑外，全园几乎毁于一旦。光绪继位后，慈禧暗中挪用海军经费重新修建清漪园并改名颐和园。1900年八国联军攻占北京，颐和园又遭破坏。当慈禧从避难的西安返回北京后，便立即进行修复，只因她念念不忘奢侈享乐的园居生活。从1903年起，慈禧的大部分时间都是在颐和园中度过的，当时为她服务的宫女侍从以及护卫人员即有数千人之多。她每天的伙食要花费60两白银，而她在园中的珍宝、衣物更是不计其数。

颐和园占地约290公顷，其中昆明湖水域约占四分之三，园中山明水秀，景色佳丽，是现存最精美的皇家苑囿，也是世界上著名的园林之一。而颐和园的布局按其功能可分为朝房区、居住区和游览区三大部分。

1. 朝房区

自东宫门进入是以仁寿殿为主的朝房区，这是一组按轴线布置的宫殿。仁寿殿在清漪园时名勤政殿，附设有九卿朝房和寿膳房等服务性建筑。与北京城内的宫殿相较之下，明显的差异在坐西朝东而非坐北朝南，显示皇帝园居时可不拘

颐和园昆明湖东北隅

颐和园约290公顷的占地中，昆明湖水域即占四分之三左右。昆明湖周围岸边设有各式不同的建筑，不仅是景点所在，也有其各自的功能。画面左侧的"水木自亲"是慈禧寝宫乐寿堂的正门，前方有慈禧专用的御码头。水木自亲东西两侧的白粉墙上装饰什锦玻璃灯窗，在墙内透过灯窗可欣赏湖上景色。画面右侧的建筑物为近西轩和夕佳楼。

常规的灵活度。清漪园时代的正门是坐南朝北的北宫门，颐和园时则改东宫门为正宫门。光绪皇帝曾在仁寿殿召见康有为，策划变法维新运动。

2. 居住区

仁寿殿西南附近的玉澜堂，为光绪帝的寝宫，公元1898年戊戌政变前光绪在此召见袁世凯，后光绪被软禁于此。宜芸馆在玉澜堂北，是光绪皇后隆裕的居处。乐寿堂在玉澜堂之西北，是慈禧的寝宫。这三组居住的庭院有游廊连接。乐寿堂有前轩临昆明湖，额题"水木自亲"，轩前有供慈禧专用的小码头。乐寿堂庭院中有一块大石如屏，名青芝岫，原为明代太仆米万钟的遗物。米氏爱石成癖，因受魏忠贤陷害，拟运此石至私园而未果，弃置于路旁，乾隆时才将此石移至清漪园中。庭院中还栽有玉兰树，干高花大、香气扑鼻，因北京罕见玉兰而闻名。乐寿堂之西有一处精美的小园扬仁风，园中有假山、荷池、月门，俨然江南小园。假山上有扇面殿，建筑的漏窗、地面铺装、宝座、香几、宫灯等，均呈扇面形状，寓意扇能生风。德和园在宜芸馆之西、仁寿殿之北，是一组轴线布置的庭院，其中有一座高21米的

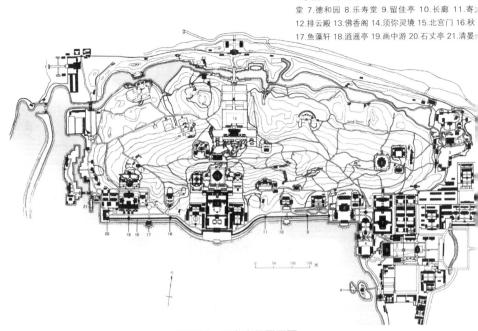

1.东宫门 2.景福阁 3.谐趣园 4.知春亭 5.仁寿殿 6.玉堂 7.德和园 8.乐寿堂 9.留佳亭 10.长廊 11.寄澜亭 12.排云殿 13.佛香阁 14.须弥灵境 15.北宫门 16.秋水亭 17.鱼藻轩 18.逍遥亭 19.画中游 20.石丈亭 21.清晏舫

颐和园·万寿山总平面图

三层大戏台,顶端装有牵引布景的绞车,下面设有水井供表演喷水之用。戏台之北有颐乐殿,是慈禧看戏之所。

3. 风景游览区

风景游览区由前山、昆明湖和后山、后湖组成。

前山区前山面阳,在山的中央位置,自湖岸至山顶按照南北轴线布置一组以祈福求寿为主题的建筑,自临湖的云辉玉宇牌坊开始,向北通过排云门、二宫门、排云殿、德辉殿、佛香阁,直至山顶的智慧海。这组建筑群层层递升,均覆以黄色琉璃瓦,形成全园的中心和景观的焦点。排云殿是园中最富丽堂皇的建筑,慈禧六十寿辰时在这里接受百官朝贺。"排云"二字出自晋郭璞《游仙诗》:"神仙排云出,但见金银台。"实际上把慈禧比作神仙、老佛爷。佛香阁建造在20米高的石台上,阁为八角形的三层建筑,高41米,内供阿弥陀佛,毁于1860年,1894年重建。佛香阁之东是高大的"万寿山昆明湖"石牌和转轮藏,安放有喇嘛转经器具;西侧是宝云阁,即铜亭,全用铜构件制作,总重210吨,是喇嘛为慈禧诵经之所。以这组庞大的建筑群为中心,在其两侧的山麓和山顶上,均衡地分布着一些赏景和点景的建筑,如景福阁、千峰彩翠、意迟云在、重翠亭、福荫轩、写秋轩、云松巢、画中游、邵窝、湖山真意等等亭台楼阁。

在万寿山山麓与昆明湖之间的狭长平地上,有一条著名的长廊,也称千步廊,东起乐寿堂的邀月门,西至西端的石丈亭,全长728米,共273间。廊间分布有留佳、寄澜、秋水、逍遥四个八角亭,象征春夏秋冬四时之美。乾隆初建此廊时是为漫步观雨、赏雪之用。在这条长廊无数的梁枋上绘有苏式彩画约8000幅,其中西湖景有546幅,是乾隆时派如意馆画师至西湖写生采集而成,并移画于建筑之上。其他彩画还有翎毛花卉、人物故事等。在长廊的西端湖边,有一条石舫,名清晏舫,是颐和园中惟一带有西洋风格的建筑。这里原是明代圆静寺的放生台,乾隆时改建为中式楼舫,因舫身以石筑成故名石舫,慈禧第二次重修时改成现状。

湖区 湖区是模仿西湖布置的。湖面西部有很长的西堤和与之相连的短堤,将湖区划分成三块形状不同的水域。每个水域中有一个岛,呈现一池三山的旧制,景观上则表现为海阔天空,与园外风景连成一气,特别是远借玉泉山景,成为中国造园艺术借景手法的最成功之作。

颐和园文昌阁

昆明湖东岸的城关式建筑,城关上有座二层楼阁,四角各设一个小亭,整体造型巍峨多姿。从前园东侧的围墙直达此处,而这座建筑则是园东界限的标志。

与万寿山南北遥相呼应的南湖岛,亦称蓬莱岛,俗名龙王庙。岛北临湖的假山上有涵虚堂,南部有鉴远堂,中部有龙王庙、月波楼、云香阁等。岛东接十七孔桥,通向昆明湖东岸。十七孔桥的东端岸上有八角重檐大亭,名廓如亭。十七孔桥长150米,宽8米,形如凌波长虹,汉白玉石栏杆望柱上雕有不同形态的狮子五百余只。

西堤是模仿杭州西湖的苏堤建造的,堤间有不同造型的小桥六座,自北而南是界湖桥、豳风桥、玉带桥、镜桥、练桥、柳桥。除玉带桥外,每座桥上都有一座亭子,作为点景和赏景之用。玉带桥是高拱石桥,因曲线柔美如带而得名,桥身全为汉白玉石,栏板上雕有姿态各异的飞鹤。

昆明湖东岸的景物有建于湖边岛上的知春亭,以木桥与岸连接。知春亭南有城关式建筑文昌阁。在距十七孔桥不远的岸边,有一只卧于青石之上的镇海铜牛。

后山后湖区 后山后湖区一带在清漪园时有许多建筑群,几乎可与前山媲美。当时从北宫门(正门)进入,过三孔石桥,经松堂、须弥灵境、香岩宗印之阁,至四大部洲,为排列在一

颐和园宿云檐

万寿山西麓的一座城关建筑,城关上有一座重檐八角形楼阁,阁中供奉关圣帝君像,与昆明湖东岸的文昌阁遥相呼应,一东一西象征左文右武。宿云檐是进入后山区的标志。

在一条南北轴线上的喇嘛教式建筑。主体建筑香岩宗印之阁为一巨大的三层楼阁，周围分布四大部洲、八小部洲及日、月台和四座塔台。这组建筑于英法联军之役中被毁，直到近年才予以重建。在这组建筑之东原有善现寺，西有云会寺，山坡上则分布一些建筑，如绘芳堂、构虚轩、清可轩、赅春园、味闲斋、绮望轩、澹宁堂、花承阁；后湖北岸还有嘉荫轩、看云起时等建筑，现均不存。原来在跨后湖的长桥东西两边，有一条仿江南水乡修建的买卖街，此乃承袭古代皇家苑囿中的习惯，皇帝前来游玩时，由太监装扮成商人交易取乐。

　　沿后湖向东至东北角处，有一座结构精致的园中之园，原名惠山园，嘉庆重建时改名谐趣园和霁清轩；此园是乾隆时期模仿无锡名园寄畅园修建的，慈禧常来此垂钓休息。谐趣园以一曲尺形水池为中心，环池布置建筑，并以曲折游廊连接。自西侧的宫门进入后，向南再向东折，依次为知春亭、引镜、洗秋、饮绿、澹碧等亭榭，转北有涵远堂、瞩新楼、澄爽斋等。谐趣园之北为另一小园霁清轩。

承德避暑山庄

　　承德避暑山庄也称热河行宫，是清代规模最大的离宫型苑囿。这座苑囿的兴建与清初皇家实行之必须保持狩猎活动的制度有关。因为狩猎可达至大规模军事演习、保持战斗力的作用。因此康熙二十年(1681年)入关前便于熟悉的内蒙高原与河北北部山地接壤的承德北面117公里处，划定面积约9000平方公里的狩猎围场，称作木兰围场。木兰围场原为蒙古喀喇沁、敖汉翁牛特部落游牧之地，位于北京通向内蒙古的交通要道上，其范围与界线，和今日河北省围场县境相同。围场南部为燕山山脉，北部为坝上高原，是蒙古高原与燕山山脉之间的衔接地带，称为塞罕坝。坝上的平均海拔高达1400米，宛如一道巨大的风障，不仅削弱了西北寒风对坝下的侵袭，同时也阻挡了湿润的海洋性气流向西北流动，形成坝下气候温和、雨量充沛的自然环境。因此地森林繁茂，野兽成群，遂成为行围狩猎的好场所。

承德避暑山庄总平面图

木兰围场开辟以后，一直到嘉庆时，每年中秋节后，皇帝便带领大臣王公北巡狩猎，年年不断，称"秋大典"。这种活动除具有军事意义外，还有怀柔北方蒙古族统治阶层的作用。从北京至木兰围场之间约350公里，为因应旅途食宿及储备给养所需，又陆续兴建27处行宫。热河行宫在这些行宫中位置居中，且自然条件最佳，特别受到康、乾二帝的垂青，因而成为皇家避暑之地。由于满族清室发源于白山黑水的寒冷地区，入关后难耐北京夏季的炎热气候，因此早在顺治七年(1650年)，摄政王多尔衮便计划在喀喇河屯(今承德市泺河镇)建避暑城，惜心愿未竟。康熙在该处立的一块碑文中写道："朕避暑出塞，因土肥水甘，泉清峰秀，故驻跸于此，未尝不饮食倍加，精神爽

避暑山庄采菱渡

采菱渡在如意洲北,临湖滨建有一草顶圆亭,形如斗笠,造型朴素带有田园野趣。此处湖水澄澈而多菱,绿菱轻浮水上,与莲叶萍花相杂而成为一景。

健。"康熙五十年(1711年)将热河行宫改为避暑山庄,正式作为避暑的离宫。

　　康熙北巡和兴建避暑山庄,对内在谋求蒙、藏等民族的结合以实现国内的团结统一,对外则是为了巩固北部边防,防止外来侵略。早在明代末期,沙俄就不时向中国北部扩张。清初因沙俄屡屡侵扰和厄鲁特蒙古准噶尔部上层分裂势力首领噶尔丹发动叛乱,使中国北部边境受到严重威胁。1698年中俄虽签订《中俄尼布楚条约》,但来自北边的威胁并未因此消除。

避暑山庄环碧岛

环碧岛在如意湖中,岛上建有相邻的两个院落,主殿面南三楹,有康熙御笔之题额"环碧"二字,楹联为"夹岸好花萦晓雾,隔波芳草带晴烟"。清代每于农历七月十五日中元节之时,在此举行盂兰盆会。

避暑山庄水心榭

在下湖与银湖之间有一座八孔水闸,闸顶覆以石梁,上面建有三座重檐庑殿顶水榭,中间一座呈矩形,其他两座为方形,成为湖区重要的景点与赏景建筑。立于榭中可遥望西面芝径云堤柳暗花明,东望则红荷点点。

避暑山庄临芳墅

如意湖水流云在亭西南隔水建有一组别馆,即临芳墅。墅内有前殿三楹,殿临清波,游鱼上下,乾隆题名为"知鱼矶"。知鱼矶殿后是主殿,名"临芳墅"。墅之左右有湖水荡漾,曲岸之上植有奇花异草。此处已非清之旧观,现已成为平地。

然而历史表明,避暑山庄的兴建,对于巩固国内统一、防御外侮,确实收到了积极的效果。从康熙到乾隆的近百年间,避暑山庄是清政府在北京以外一个最重要的政治中心。

避暑山庄在今承德市区北半部,武烈河西岸,占地564公顷,其中五分之四为山峦,五分之一为平原和湖沼,而其兴建则历经康、雍、乾三朝,费时90载。这是一处以自然山水为依托的大型苑囿,建筑景点逾120处,其中康熙以四字题名的有36景,康熙、乾隆以三字题名的也有36景,统称七十二景。

避暑山庄四周有宫墙环绕,总长度10公里,依地形起伏蜿蜒如万里长城之缩影。早期设有10座宫门,主门在南,名丽正门。丽正二字取自《易经》"重明以丽乎正",寓光明之意。宫墙内可分为宫殿与苑景两区。

1. 宫殿区

宫殿区在山庄南部,是皇帝处理政事、举行庆典及帝后居住之地,包括正宫、松鹤斋、万壑松风、东宫四组宫殿。正宫、松鹤斋及东宫是按平行的三条南北轴线布置的三组建筑。万壑松风在松鹤斋之北,是一组布局较自由的建筑群,无明显轴线。

正宫 系山庄内主要宫殿,南面为主要宫门丽正门,北临塞湖,按前朝后寝的传统布局布置。这组宫殿自南至北为大宫门、二宫门、澹泊敬诚殿、四知书屋、万岁照房、烟波致爽殿、云山胜地楼等,均布置在一条南北轴线上。二宫门上更高悬康熙御书"避暑山庄"镏金字匾一面。澹泊敬诚殿建于康熙时代,乾隆时又用楠木改建,故俗称楠木殿。进入殿内,楠木清香扑鼻,更加强建筑的朴素淡雅风格。此殿名取自诸葛亮《诫子书》中的"非澹泊无以明志,非宁静无以致远"。乾隆曾在此殿接见蒙古首领和西藏六世班禅。四知书屋是皇帝上朝前的休息处,"四知"取自《易经》:"君子知微、知彰、知柔、知刚,万物之望。"烟波致爽是寝宫的主殿,庭院中点缀青松、草坪和山石,饶有幽趣。云山胜地楼前东侧有假山一座,沿磴道上山可达楼之上层;楼下西间有小戏台,是帝后娱乐处。

松鹤斋 松鹤斋一组建筑在正宫东侧,是乾隆为其母后建造的颐养之所,殿名取松鹤延年之意。其形制一如正宫布局,前为松鹤斋,后为乐寿堂(即悦性居),再后为继德堂(即绥成殿),曾供奉康、雍、乾、嘉、道、咸各代皇帝的画像,殿现已不存。堂后有畅远楼,基本上与正宫后面的云山胜地楼相同。

万壑松风 在松鹤斋之北,据冈临湖。主殿万壑松风殿临崖居中,其他建筑有静佳室、鉴始斋、蓬阆咸映等,围成一个庭院,并以游廊连接。自万壑松风向北有长堤蜿蜒,名芝径云堤,通至湖区。

东宫 今已无存,但其基址尚完好可见。这组建筑正对南面的德汇门,自南至北有门殿、清音阁、福寿阁、勤政殿、卷阿胜境殿等,排列在一条南北轴线上。清音阁是清代

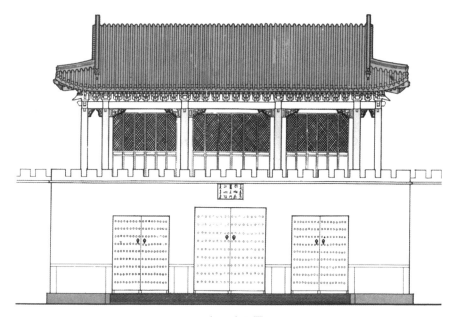

丽正门正立面图

正宫纵剖面图

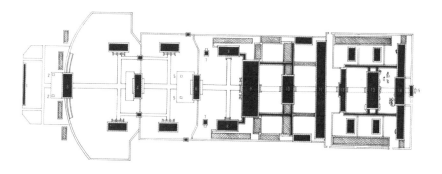

正宫总平面图

1.照壁 2.石狮 3.丽正门 4.午门 5.铜狮 6.宫门 7.乐亭 8.配殿 9.澹泊敬诚殿
10.依清旷殿 11.十九间殿 12.门殿 13.烟波致爽殿 14.云山胜地楼 15.岫云门

宫苑中著名的四大戏楼之一；福寿阁为二层建筑，下层是皇帝看戏之所；勤政殿是皇帝处理政务之所；卷阿胜境殿是饮宴之所。这组建筑于公元1933年和公元1946年两次被焚。

2. 苑景区

苑景区可分为湖泊区、平原区与山岳区三部分。

湖泊区 在山庄的东南部，因泉水、涧水汇集而形成广大水面，经过人力塑造，洲岛桥堤将水面分隔成几个大小、形状各异的湖泊，有澄湖、如意湖、上湖、下湖、银湖等。其中以环碧、如意洲、月色江声三岛最大，可视为中国皇家苑囿"一池三山"的传统布局，这些岛上则分布许多建筑景点。环碧岛上有澄光室、环碧殿，北端有后妃采菱游戏之所，名采菱渡，每年农历七月十五日中元节时在岛上举行佛教的盂兰盆会。如意洲是最大的岛，岛上有以延薰山馆和水芳岩秀为主的建筑群，其门殿名无暑清凉。此处是七月七日后妃们举行乞巧活动之所。其东有小戏台浮片玉和观戏建筑一片云。西南临池有方亭观莲所；西有金莲映日殿，殿西原有云帆月舫楼、西岭晨霞、川岩明秀等建筑，现均不存。岛的西北有一座仿江南园林的小园名沧浪屿，原来园中有双松书屋和敞轩，是康熙皇帝的读书之所。岛北和岛东原有澄波叠翠和清晖二亭，今均无存。青莲岛在如意洲北，岛上有烟雨楼，仿嘉兴的同名建筑建造，岛的东南有一座黄石大假山，在危崖上刻有乾隆手书"青莲岛"三字。月色江声岛在如意洲东南，岛名出自苏轼《前后赤壁赋》中名句："月出于东山之上，徘徊于斗牛之间。白露横江，水光接天。""江流有声，断岸千尺。山高月小，水落石出。"这是康熙在此赏月有所感而得名。岛上主要建筑自南至北有静寄山房、莹心堂、湖山罨画，是皇帝读书处。再北有一小溪，溪边有青石名"石矶"，寓周朝姜太公和东汉严子陵隐居垂钓处。金山在澄湖东岸，隔水与月色江声岛相望，山顶上建有上帝阁(金山亭)，顺阁而下，依次有天宇咸畅殿、方洲亭、镜水云岑殿，依山势层叠成环抱形势，乃仿镇江金山寺"寺裹山"的意境而建。戒得堂是月色江声东面的一个洲岛，主体建筑戒得堂是乾隆老年时所建，堂名取自《论语》："及其老也，戒之在得。"堂北有镜香亭，西有面水斋、佳荫室、来薰书屋、含古轩、群玉亭及问月楼等。这些建筑早已毁圮。

下湖与银湖之间有一座水闸，闸上建有三亭，名水心榭，成为湖上重要的点景与赏景建筑。水闸是为保持下湖以上诸湖的水位而造的。水心榭东银湖中的小岛上有仿苏州狮子林假山的趣味而建之文园狮子林。过去园内有16景之多，今仅存枕烟、忉鱼二亭可资凭吊。因乾隆特别喜爱苏州狮子林，除此处外，在长春园中也仿造了一座。在下湖与镜湖之间的冈阜上，建有清舒山馆，其北有静好堂、澄霁楼、长廊、畅远台等，今均不存。热河泉在澄湖的东北角，泉水自石缝中涌出，是塞湖的主要水源。泉水水温高，冬不结冰，热气蒸腾如雾，泉边则有镌刻"热河泉"三字之立石。在热河泉南、金山北面，原有香远益清、流杯亭等建筑，今均无存；但泉北尚有存放龙舟船坞的遗址。船坞西面有一组建筑名萍香泮，自萍香泮向西，沿澄湖北岸有四亭：甫田丛樾、莺啭乔木、濠濮间想、水流云在。沿如意湖西岸，自北至南则有临芳墅、知鱼矶、双湖夹镜、长虹饮绿、芳渚临流等景点。

平原区　系湖泊区以北直至北山山麓的广泛地区。这片区域是以万树园、试马埭为主之具有草原特征的塞外风光。

万树园中多古树，所以飞禽走兽滋生繁茂，尤以麋、兔、黄鹂、百灵居多。清代在万树园西北部建有28座蒙古包，其中最大的是皇帝的御幄，直径七丈二尺，为接待蒙古的王公贵族和西藏政教领袖之所，同时还举行马技、杂技、火戏、燃放烟火，以示庆祝。试马埭是万树园西南的一片草地，其中有弧线形的跑马场，并且成为赛马选拔良马的地方。

万树园和试马埭的周围有许多园林建筑，如春好轩、嘉树轩、乐成阁、永佑寺、暖流暄波、澄观斋、翠云岩、宿云檐、宁静斋、千尺雪、玉琴轩等，可惜都已毁圮。文津阁是万树园西面惟一保存的建筑物，这是一处有围墙环绕的庭院，主体建筑于乾隆三十九年(1774年)仿浙江宁波天一阁兴建而成，作为皇家的藏书之所。此阁与北京紫禁城内的文渊阁、圆明园中的文源阁、沈阳故宫的文溯阁合称"内廷四阁",专门储藏《四库全书》,也曾储藏《古今图书集成》。

　　文津阁外观为二层,内实为三层,屋顶覆以黑色琉璃瓦,取避火与耐火的用意。阁前有蓄水池,以因应防火需要。池南为叠石假山,石峰林立,顾盼生姿,洞府曲婉,是一处十分幽静的庭园。山顶西侧原有趣亭,今已倾圮;东侧有"月台碑",碑上镌有乾隆题诗。乾隆时常于中秋登临赏月。

　　山岳区 在山庄的西北部,约占山庄面积的五分之四。四条自南至北并列的峪谷由西向东横贯山岳区,包括榛子峪、松林峪、梨树峪、松云峡。在这片大面积的山峦峪谷的天然环境中,点缀许多观景休息的建筑,虽然今天只有极少数的建筑保存下来,但还有许多以自然景观为主的风景点。过去在榛子峪中有驯鹿亭、驯鹿坡、松鹤清樾、风泉清听、绮望楼、锤峰落照亭、碧峰寺、有真意轩、鹫云寺、秀起堂;松林峪中有珠源寺、绿云楼、食蔗居;梨树峪有梨花伴月、澄泉绕石、创得斋、四面云山亭;松云峡有旷观、凌太虚、清溪远流、水月庵、旃檀林、含青斋、碧静堂、玉岑精舍、宜照斋、敞晴斋、广元宫、山近轩、斗姥阁、北枕双峰亭、青枫绿屿、南山积雪亭等。

中国古建筑之美

· 皇家园囿建筑 ·
琴棋射骑御花园

- 北海公园　北京
- 颐和园　北京
- 承德避暑山庄　河北
- 中南海　北京
- 圆明园　北京

随着中国政治的发展，造成中央集权，皇帝为至高无上的主宰。财富的积累，使帝王在构建美宫室之外，更为了游冶之便，而兴建各种园、围场，形成皇室独享的御花园。从商纣酒池肉的萌发，到明、清三海、颐和园、承德避暑山庄的高度发展，数千年来，皇家苑囿满足了帝王之的琴、棋、射、骑等宴游之乐，在掇山理水之，构筑了华美殿宇，其装修彩绘，无一不是斥资数的瑰丽建筑，是中国园林建筑的极至表现。但时代的更迭、战乱的破坏，多数皇家苑囿已荡然存，仅余残址供后人凭吊。本册图版收录现存的、清皇家苑囿，分北京与承德两大地区。按三、颐和园、圆明园、承德避暑山庄等苑囿依序介，远眺、近观，与您同游皇家御园的绚烂色彩。

图版

北海 琼华岛南面全景

北京

琼华岛是具有800年历史的皇家禁苑——北海的中心,也是北京城内的重要标志之一。琼华岛南坡的建筑有一条明显的中轴线,自山顶的白塔而下,依次有善因殿、永安寺、堆云牌坊、石桥、积翠牌坊,都布置在这条南北轴线上。蓝天、白塔、红墙、绿瓦、红莲、翠柳和清风,组成一支美妙的园林交响曲,展现出一座人工与自然山水组成的绮丽的皇家园林,同时也反映它作为神仙宫苑和仙岛的意境。

总观北海全园的建筑布局,是以白塔为中心,以琼华岛为主体的四面景观;琼华岛南面寺院依山势排列,直达山麓南边的牌坊,以永安桥横跨团城,与团城的承光殿气势连贯,遥相呼应,从白塔至此形成全园的一条南北轴线。

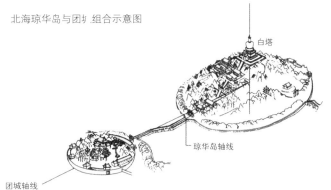

北海琼华岛与团城组合示意图

白塔
琼华岛轴线
团城轴线

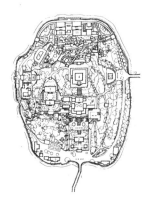

琼华岛平面图

1.永安桥 2.永安寺 3.正觉殿 4.白塔 5.双虹榭 6.悦心殿 7.庆霄楼 8.琳光殿 9.阅古楼 10.远帆阁 11.漪澜堂 12.智珠殿 13.陟山桥

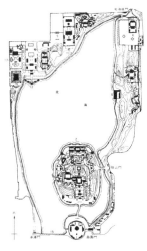

北海琼华岛总平面图

1.团城 2.琼华岛 3.濠濮间 4.画舫斋 5.船坞 6.先蚕坛 7.静心斋 8.天王殿 9.九龙壁 10.澄观堂 11.阐福寺 12.五龙亭 13.万佛楼 14.小西天 15.北海大桥

66 / 67 北海公园

北海
琼华岛北坡

北京

琼华岛北坡保留着中国皇家园林的优秀传统，这里奇石积叠，巉峭峻削，盘回起伏，或陡绝如堑，或嵌岩如屋，飞楼复阁，广亭危榭，东西横列。其造景的主题是仙山楼阁，金、元、明时山顶有广寒殿，清代改建成白塔，并在沿岸建延楼，因而破坏了这个主题的艺术气氛。然而此地在一年四时之中皆有不同的景色，每当寒冬，不见南国春意，但见白雪皑皑，柳叶尽落，细枝如发，秀若天成，北国萧飒风情显露无遗。

北海庆霄楼

庆霄楼位于北海白塔下方西侧,踞于山西坡之高处,楼高两层,可西望北海碧波。其南有悦心殿,两座建筑之间以两侧回廊相连,形成一个封闭的庭院。楼旁花木扶疏,古木虬枝,若值冬季,翠叶尽凋,展现不同风情。每逢腊冬,皇室还在这里观赏旗军"冰嬉"(一种竞赛游戏,类似冰球)。由此仰望,白塔近在咫尺;俯瞰,则北海湖光、琼华岛景色、对岸寺庙、城内宅户,皆历历在目,造成帝王"上与天交往,下统管大地"之惟我独尊的感觉。

北京

北海仙人承露盘

仙人承露盘位于琼华岛北坡,居小昆邱亭之西。铜制仙人立于一个雕有蟠龙的汉白玉石柱之上,蟠龙翔飞于云气之中,雕刻十分精美,仙人双手高擎一个荷花形大盘,此为汉武帝时遗物。因为汉武帝笃信神仙,方士谓服食露水合以玉屑则能长生不老,故铸此铜仙人。元代忽必烈时从陕西运此物至大都,原立于琼华岛之东,又于明世宗嘉靖年间(1522～1566年)移于此地。此地山势颇高,可远望北海美景,仙人承露盘旁景色亦佳,花木相间,红绿宜人,景随季换,各有不同。

北京

北海白塔与善因殿

善因殿是白塔南高踞于红台之上的一座小巧琉璃殿,故亦称琉璃佛殿。在白塔光洁的表面和流畅的线形背景衬托下,益发显得华丽而精致,殿内供"镇海佛"铜像,殿外壁则以塑有千手千眼佛像的琉璃砖砌造。白塔塔身正面的火焰形门洞称作眼光门,俗称塔门,门上的梵文图形为"时轮金刚种字"。传说白塔下面埋着一尊金质时轮金刚佛像。这座喇嘛式白塔是元代广寒殿的旧址,也是元朝皇帝赐宴群臣的场所之一。

北京

北海琼岛春阴石碑

北京

琼岛春阴碑位于琼华岛东北见春亭北面的山麓上。据说乾隆皇帝按《周易》三百八十四爻，东方乃代表春季，故将原放在悦心殿前的石幢迁移于此。碑的外观比例粗壮，但不失俊雅，立于宽大的须弥座之上。碑的正面有清高宗乾隆皇帝的碑名题字，背面则刻有乾隆皇帝的题诗。碑首雕刻十分精美，图案异常繁复。顶部雕有四条龙形脊饰，围拱着一个大圆球，设计极具匠心，碑旁栏杆雕刻亦是细致华美，传为燕京八景之一。

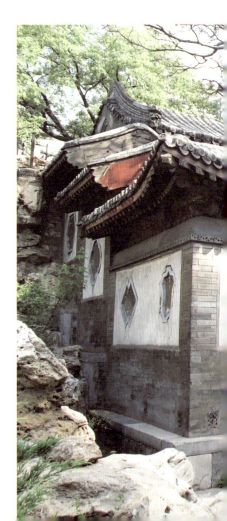

北海酣古堂

北京

酣古堂居琼华岛北坡的高处，是依山而筑的一个庭院。其平面如宙鉴室，但院墙封闭，外观由灰砖、粉墙、什锦窗和华丽的垂花门组成，是典型北方宅院的处理手法。门前台阶转角处点缀湖石蹲配，暗示这是一个山屋。主室在庭院的高处，院中堆叠的湖石和台阶几乎占据整个空间，与堂后面的叠石相互辉映，房屋浑如嵌于山岩之间。堂东壁有一天然形状的洞口，进入洞口后婉转前行可达到写妙石室。

北海碧照楼

北京

　　碧照楼位于琼华岛北岸,漪澜堂北面,以延楼与分凉阁、倚晴楼相连。登楼望远,可见北海北部美景,五龙亭、天王殿、静心斋等一一映入眼帘。北海池中,轻舟点点,游人甚众,清澈的池水,再加上美丽的画舫,使人神清气爽。举目四望,但见蓝天、白云、绿水、柳树,一片盎然,充满生命色彩的美景,令人顿有遗忘世俗之想。登楼凭栏,清风迎面轻拂,人生不快,顿抛脑后。四时季节,景观各异,有幸一访,独乐自得。

北海临水游廊

北京

　　白塔山北坡山脚临湖环山,有一条半圆形的二层楼廊,是乾隆仿金山江天寺修建而成。这条楼廊有一套六十间延楼和六十间临水游廊,东起倚晴楼,西止分凉阁,状如彩带。楼廊的中部并列碧照楼和远帆阁两座临水楼阁,形成优美的轮廓线。游人漫步廊间,随着游廊的忽直忽曲,忽开忽合,层出不穷的画面映入眼帘,让游客有若置身于画中一般,尤其是春、夏时分,凉风徐拂,花木葱郁,配上建筑物的黄瓦、粉墙,更是景色迷人,美不胜收。

北海琼华岛北坡冬景

北京

披上银妆的琼华岛北坡,显得清逸俏丽,一切都笼罩在洁白的晶莹之中,只有最具性格的中国式屋顶引人注目。画面前方是小昆邱亭,亭为八角形,体量小而典雅秀逸。此亭南倚洞岩,北瞻太液,无论阴晴雨雪,皆为赏景佳地。曲线形的墙垣将视线引向延南薰殿。此殿为一平面扇形建筑,前有一三角形平台,地面也做成扇骨图形。室内墙壁上有突出的自然石块,浑如人工与天然之巧妙结合,石桌陈设低矮而造型苍古,予人山野仙居之想。

北海琼华岛北坡远眺

北京

自琼华岛北坡远眺冰封的太液池,经由迷离的树枝,高低错落的景物都笼罩在皑皑白雪之中,画面远处临池的建筑物是六十间延楼的局部。琼华岛北坡是这座皇家园林景观的精华所在,此地危岩峭壁,古木参差,横峰侧岭,气势雄伟,而且建筑物不施丹雘,十分素雅。轩廊环绕,山池婉转,使人于空间之外仍有空间、景色之外仍有景色的无尽感,较步移景换所构成的画面更为重要。图左侧为漪澜堂,旁筑爬山廊以与其他房舍相通。

北海锣锅桥

北京

锣锅桥是沿琼华岛西岸的一座小石桥,桥东侧为山峭壁下之深潭,西侧为辽阔的太液池,桥的平面形式略呈S形,十分优雅,使这座汉白玉石桥益发显得玲珑可爱。伫立桥上,东侧池中,绿树成荫,荷莲遍生,而桥的两头遍植细柳,不论远观或近看,皆有物外之情趣,尤其是三月春风轻吹时,叶随风摇,长者垂入池中,泛起涟漪无数,令人眼笑心甜,向西远望,太液池辽阔无垠,水中泛舟人潮不断,一派太和气象,极乐世界。

北海分凉阁

北京

分凉阁位于琼华岛北坡西侧,是临太液池之弧形延楼西侧的一座城关式建筑,作为限定空间范围的标志物,西为太液池,东为琼华岛上的建筑物。这种形式的建筑在清代苑囿中十分常见。分凉阁楼高三层,重檐四角攒尖顶,外观雄浑平稳,色彩古朴近人。其雉堞形城墙和券门极富戏剧性,洞门旁立有假石,其旁种有高大树木,若值春夏,枝叶森然,可以掩映,而遇秋冬,繁叶落尽,只剩树枝,在白雪灰蒙的季节里,益发显得苍劲,予人一种遇霜弥坚强劲之感。

北海静心斋

静心斋原称镜清斋,创建于清高宗乾隆二十年(1755年)前后。北海在乾隆前期,曾进行全面性的改建工程,吾人现今所见者,大多是这一时期所兴建。静心斋东枕山,西倚寺,南面沧波。外部轮廓则随地势而异,曲折参差。有白色曲折有致的云墙,有为了遮掩房山而建的半亭,有透花墙,有瓶式小角门。园内屋、亭、轩、榭各有散布,以水相隔,以桥相连,无论是俯视池水、仰望假山,皆可欣赏园内园外所组成多层次的景观。

北京

北海静心斋北假山与爬山廊

北京

静心斋是一处具有江南文人园林风格的园中园,园内木樨、石栏、碧池十分清丽宜人。优美的小石拱桥不但是南北的通道,也是分隔空间的障景,园里树石廊宇构成一幅幅和谐而静谧的图画,北部大假山沿北界横亘东西,山势逶迤自东向西渐高,其中峰峦沟谷迭出、虚实变化莫测,一片森碕石壁,在博大峻厚之中多婉转之姿,气势沉雄。爬山长廊则依山势起伏,造型精巧,梁架饰苏式彩画。沿廊漫步,有一览群山之趣。

北海静心斋

北京

图为静心斋主要园景。中心建筑是在几个水面交汇处的敞廊。建筑物跨于水上,其下泉流有声,故名沁泉廊。廊西有一座叠石假山,山巅设八角攒尖式顶的小亭,名为枕峦亭。假山绵延与北面大假山相通,沁泉廊前有小桥横渡,山右有磴道逶曲,颇有峰回路转、带水萦绕之趣。无论站在沁泉廊还是枕峦亭中四顾,山水佳色皆历历在目。乾隆曾有诗赞曰:"回回百道泉,其上三间屋,漾影惟云霞,品声定丝竹",可见此处景观之清雅宜人。

北海九龙壁

九龙壁位于北海北岸天王殿之西,原是明神宗万历年间(1573~1619年)刻喇嘛经文的经厂前的影壁墙,作为以龙镇火避火的镇物。九龙壁高6.65米,长27米,厚1.42米,全部采用琉璃砖瓦砌筑而成。墙中有九条五色蟠龙,浮游于浪涛之上。龙形姿态活泼,具有图案美,在脊、瓦、斗栱上也饰有小龙,共635条,形象生动,色彩鲜艳,是中国古代手工业发达、手工艺术造诣高深的历史明证,也是极为宝贵的文物珍品。

北京

北海小西天

北京

　　小西天在北海西北隅，居五龙亭之西，旧名极乐世界，是一重檐攒尖、七楹的方形大殿，内供观世音菩萨。殿外有池围绕，四隅设重檐攒尖方亭，四面居中架有石桥，桥外各设一座三间四柱七楼式五色琉璃牌坊，平面体制较为新颖。小西天建筑群是乾隆为其母六旬寿辰而建造，作为祈福求寿的庙宇。殿内原有座五百罗汉和南海普陀山模型，但现存者已非原物。外表庄重雅典，内饰华美精致，花木奇异，蓊蓊郁郁，正符合其旧名。

北海五龙亭

北京

五龙亭系指北海西北隅近岸水中的五座方亭,是岸滨的主要景观。五亭呈雁行状对称布置,在对称中又求变化;以中亭(龙泽亭)最高,两侧亭逐渐降低;屋顶形式以中亭最突出,在方顶上又加一圆攒尖顶,代表皇帝至高的地位。其东为澄祥亭和滋香亭,其西为涌瑞亭和浮翠亭,此四亭为方顶,最外为单檐,中间为重檐,合称五龙亭。五亭之间又有石桥相连,成为北海北岸重要景观。中亭是皇帝专用的钓鱼亭,若值盛夏,皇戚权贵皆到此消夏乘凉。

中南海牣鱼亭

北京

金鳌玉蝀桥以南的湖面,即称中南海。中海有"水云榭"出湖面,南海有岛称"瀛台",连同北海的琼华岛,构成"三海"中的"三神山",牣鱼亭位在瀛台岛近东岸的池水中,有一长的圆弧形平桥与岸相接,围成一个鱼池。桥栏用彩色琉璃砖砌造,与亭顶的黄、绿琉璃瓦相呼应,形成和谐的整体,尤其在波澜不兴之际,池中倒影,美丽异常。"牣鱼"一词取自《诗经》:"王在灵囿,于牣鱼跃",表示鱼之丰盛。

中南海涵元殿

北京

涵元殿是瀛台主殿,殿前有宽大的抱厦,殿南有蓬莱阁围成封闭的庭院。饰美样新,雕梁画栋,皇家习气十分浓厚,和中南海林木葱茏、碧波荡漾的佳景,相互辉映,相得益彰。涵元殿是皇帝休息和宴请群臣之所,此殿清静无杂吵之音,故亦是清皇室避暑消夏之地。殿内西室有联句:"于此间得少佳趣,亦足以畅叙幽情"。清末光绪皇帝被慈禧太后囚禁于瀛台,即居于此,并于光绪三十四年(1908年)崩于此地。

中南海翔鸾阁

北京

翔鸾阁位于瀛台岛的最北端,是进入瀛台的正门。阁高二层,面阔六开间,立于四十级台阶上,下层为门殿,上层为阁,东西各伸展出二层环抱的延楼。整座建筑朱楹画栋,饰苏式彩画,金碧辉煌。完整宽敞的大院落建筑,充满皇家豪华的气派。东西延楼的装饰亦具皇家风范,翔鸾阁庭院中有错叠的山石和苍松翠柏,环境十分清幽。登阁清风拂面,神清气爽,举目四望,则可望南海的绮丽风光。

**中南海
纯一斋长廊**

北京

纯一斋长廊与春藕斋的游廊相连接,廊宽两间,比一般游廊宽出一倍,表明这两座主体建筑的重要性。春藕斋亦是美轮美奂,装饰精美,廊外小径和叠石在朝阳中显得黝然而深邃,十分迷人,庭内叠石仿苏州狮子林意趣而造成,极富情趣。纯一斋长廊的柱子全用绿色,与主殿的红色形成鲜明对比,梁枋全施苏式彩画,十分华美,充分表现了皇家宫苑的气度。在阳光映照下,廊柱投影于铺砖地上,显现另一种多变的园林情趣。

中南海
静谷中水池

北京

环池千姿百态的太湖石,在匠心巧工安排下,益发显得那一片森碕石壁,在广大博厚之中多婉转之势,十分沉雄亦兼婉约之意。在这一片假山参观游历之际,只觉林木森森,荫凉沁心,举目所望,冈峦洞壑,虚实结合,浑然一体,与池中有自然形态的汀步石,和池面上随波荡漾的睡莲,构成一幅景色清幽、竹木迭罩、怪石嶙峋的佳境。林中设一座八角攒尖亭,伫立亭中,一览佳景,使人有若置身于诗画之中。

中南海
八音克谐亭

北京

八音克谐亭位于瀛台岛的西南方，立于一座湖石假山上，湖石垒垒，层峦重嶂，峭壁悬崖、深藏丘壑。亭旁植有繁花古木，四季皆有不同景观，登亭望远，风景绝佳，低俯近看，风景宜人。亭的外观十分雍容华贵，屋顶为紫色琉璃瓦，黄瓦剪边，栏杆也用黄绿琉璃砖砌造，屋顶则为罕见的盝顶式。"八音"是古代乐器的总称，出自《尚书·舜典》"八音克谐，无相夺伦"，指和谐动听的音乐。这里过去是乐班演奏乐器的地方。

颐和园
宜芸馆石庭

北京

仁寿殿西面，由宜芸馆、玉澜堂及其他的室、榭、楼等建筑组成前后院，环境清静、幽雅恬适，是当年慈禧太后软禁光绪皇帝载湉的地方。宜芸馆内有一石庭，望之清幽雅致，悠然自得，虽处于四周宅院之中，但不觉局促、壅塞。石的色泽多变，瑰丽异常，外形玲珑，组合有趣，其间植有嘉卉，生趣盎然。石庭旁有数株高大乔木，每至盛夏，枝叶繁茂，绿荫如云，漫步庭内，全无暑气，另有雅间、心静之感。

颐和园仁寿殿

北京

　　仁寿殿位于东宫门内,是一政治活动区,为光绪皇帝和慈禧太后在颐和园召见群臣、办理朝事的地方。仁寿殿原名勤政殿,于光绪十六年(1890年)重建时,为迎合慈禧希望长寿之愿,依"仁者寿"之古语而改今名。殿前有一宽阔庭院,摆设许多铜铸文物,正殿阶前立有铜鼎、铜龙、铜凤,庭院正中则是中国传说中造型奇特的麒麟祥兽,制作精美,神态生动。院内松柏古槐,苍翠蓊郁,景色优美。整体建筑十分雍容华贵,与颐和园其他各地建筑相互辉映。

仁寿殿坐西面东，殿内设有九龙宝座，上面悬有金色四字匾额"寿协仁符"。座旁有御桌、围屏、宫扇、珐琅塔、仙鹤、龙抱柱等精美设施。殿的后壁屏风则有226个不同写法的寿字，精彩宏丽。正殿东西各设暖阁，大殿地下则有火炕，以备冬天取暖之用。目前殿内还保持当时帝后临朝的原状，有许多珍贵古物，包括商代的青铜器皿、翠鸟羽毛制成的洞庭风景、树根雕成的狮子，以及紫檀木的古镜架等，装修豪华、设色典雅，充分显露皇家华贵的气派。

颐和园
仁寿殿正殿内景

北京

颐和园
仁寿殿内景

北京

仁寿殿旁南北两侧建有配殿，内部陈设朴丽相间，但不失皇家华贵之习气。图为仁寿殿室内，陈设典雅，素白的窗帘，可因窗开而生姿；代表皇家的黄色坐垫，色彩鲜明；靠壁处摆有两个靠枕，其上绣有龙形图案，十分精美。两座之间，设有一御桌，两只御用青花瓷杯，并列而设；造型新颖的铜制西洋钟，异常珍贵。此间摆设简单，用色大方，无豪奢之气，但在用色、构图之间，则充分显示帝王之家的尊贵气质，靠枕及矮几上随处可见的龙形图案，象征此为君王之室、帝后之居。

颐和园夕佳楼

北京

夕佳楼是玉澜堂和宜芸馆之间庭院西侧的一座小楼,临湖而立。玉澜堂是光绪皇帝园居时的寝宫,公元1898年戊戌变法失败后,夏天时光绪皇帝被囚于此(冬季则在中南海瀛台);宜芸馆是光绪皇后隆裕的居处。从玉澜堂和宜芸馆有游廊与夕佳楼相连,可经楼的底层至湖滨。夕佳楼为二层三楹式建筑,硬山卷棚屋顶,前后出廊,造型小巧而精雅,周围有一层建筑群,造成有起伏变化的轮廓线。登楼可远眺西山及玉泉山,落日余晖,波光塔影,令人心醉神迷。

颐和园知春亭

北京

　　知春亭位于昆明湖东岸的小岛上,有桥堤与岸相连。为重檐攒尖式建筑,朱柱灰瓦,造型潇洒又不失端庄。亭旁杨柳,老枝繁茂,逢春发叶,细密如发。桥堤亦饰朱色,夺人目光。每当三月清风佳节,这里是欣赏西面湖中全景的佳处,一片翠绿怡人,自有一番情趣。柳丝吐绿,桃枝绽红,最早报春,湖光山色,绿影白云,远山含笑,尽收眼底。亭名取自唐朝诗人王勃句:"飞鸟林觉曙,鱼戏水知春",有"春江水暖鸭先知"之意。

颐和园
十七孔桥夕照

北京

十七孔桥位于南湖岛(俗名龙王庙)和廓如亭之间,桥身曲线徐缓,桥面略为隆起,状如长虹,横跨于万顷碧波之上,是中国传统园林中最长的一座石桥。桥长150米,宽8米。在夕阳余晖中,桥、亭、岛连接成一条十分优美的轮廓线。桥栏望柱上雕刻有五百余只形态各异的狮子,神情生动,不亚于卢沟桥石狮。桥的南北各有一副对联,其一为:"虹卧石梁岸引长风吹不断,波回兰桨影翻明月照还定"。从知春亭向南眺望十七孔桥,角度最佳,取景最美,碧绿横波上,平起一座桥,予人遐思之情。

颐和园铜牛

北京

铜牛位于昆明湖东岸,形如真牛,卧于雕花石座之上。清高宗乾隆二十年(1755年)于修筑昆明湖时袭古代大禹治水铸铁牛以镇水患的传统,作为防水患的镇物。在铜牛身上铸有80字的篆体铭文《金牛铭》,说明了铸此牛之目的,今日这只牛成为人们欣赏的一件艺术品。牛体硕大,双角竖立,两眼炯然有神,状貌秀俊,气势不凡,真有传说中可镇水患之气宇。铜牛周围设有白石栏杆,柱头雕石狮若干,造型小巧可爱。铜牛前方为著名的十七孔桥。

颐和园廓如亭

北京

廓如亭位于铜牛南面、十七孔桥之东的岸上。是一座八角重檐、体量硕大的攒尖顶亭,由内外三圈24根圆柱和16根方柱支承。外观平稳庄重,色泽朴雅近人,形式雄浑凝重,其体量大小和十七孔桥十分均衡,其形式也具有强烈的对比效果。亭名"廓如",意如"阔如",寓此处风景开朗空阔,虚明洞澈,视野极为辽广。亭旁植有高大乔木,四季物换,景色各异,不论远观近赏皆有不同情怀,凝聚着中国古典建筑美的精华。

颐和园
涵虚堂全景

北京

涵虚堂位于南湖岛上,是岛的主体建筑,建在岛北侧临湖假山之上,与万寿山的佛香阁隔湖相望。卷棚顶七开间建筑,其南面有宽阔的露台,无论晨昏、阴晴皆是欣赏湖景的佳处。露台四周立有精美栏杆,色泽玉白,与主体建筑梁柱的朱红形成鲜明对比。台外假山处处,时花奇卉,古木参苍,景色宜人。北侧临湖,可观昆明湖湖面及四周景观,视野广阔,情趣非凡。时值良辰,居堂内或伫立露台,清风、明月、白云、绿木,尽入眼底。

颐和园镜桥

北京

颐和园西堤是模仿杭州西湖苏堤建造而成,堤间有不同造型的小桥六座:自北而南依次是界湖桥、豳风桥、玉带桥、镜桥、练桥及柳桥。除玉带桥之外,每座桥上都有一座亭子,作为点景和赏景之用。镜桥有一座八角重檐攒尖亭,造型典雅,原桥早毁,今日所见为后来所仿建。桥名取自李白"两水夹明镜,双桥落彩虹"诗句。每至初春,柳条吐绿,桃花放红,驻足亭中,或漫步长堤,让人宛如置身于江南三月的西子湖畔。图为镜桥雪景,有苍然萧飒之貌。

颐和园西堤

西堤全长2600米,仿建杭州西湖的苏堤,沿堤栽桃插柳,并点缀六座不同形式的桥,给昆明湖西面辽阔的水景,增添了一条变幻多姿的画廊。随着时间的转换,西堤也因四季而展现出不同的风情面貌:春树吐绿,摇曳生姿;夏树成荫,可去暑气;秋树凋零,色彩美丽;冬树尽枝,寒肃袭心。湖面辽阔,给人带来极佳的视野,无论阴晴雨雪,都可欣赏到千姿百态,令人陶醉的美景。图中更可见清晰的玉带桥与远处的玉泉山玉峰塔,景致优美,有优雅宁静之感。

北京

颐和园玉带桥

北京

玉带桥是西堤六桥中,惟一不设亭的单孔高拱石桥,造型优美,全部以汉白玉石砌成。桥身的弧线柔美、潇洒,形如玉带。桥身的东西两面各有对联一副,西联是"地到瀛洲星河天上近,景分蓬岛宫阙水边多",描写穿过此桥后便来到瑶台琼阁的仙境。此桥通体洁白,栏杆雕有精美仙鹤,拱券呈半圆形,从前此桥是皇帝乘船去玉泉山行宫的孔道。盛夏时分,玉带桥在丛荷茂柳中玉立,游人漫步桥上,疑已成为画中人。

颐和园石舫

北京

石舫又称清晏舫,是取"海清河晏"之意。此舫位于万寿山西,长廊西端外的昆明湖畔,始建于清高宗乾隆二十年(1755年),文宗咸丰十年(1860年)被英法联军焚毁,仅船体留存。慈禧太后重修时,改以法国游艇式样,并于船身加上石轮。舫长36米,船体用巨大石块砌造,上部为两层木构楼舱,但外面漆成大理石色,所以通体外观如同石造。这艘停泊在湖边的巨舫,其石质的沉重感与它能漂浮于水面的形式之矛盾,造成极大的戏剧性。

颐和园荇桥

北京

荇桥位于清晏舫北面,是沟通万寿山西麓与小西泠岛间一座精致的亭桥。桥面全做成台阶,桥上建有一方亭,重檐攒尖顶,檐下施彩画,立柱漆成绿色,整体外观浑实庄重,色彩精美,造型绮丽。桥墩石砌,桥洞方形,可通船只,在桥墩两端各有一石狮立于转角形斗栱台座之上,石狮通体肥胖,造型奇特,雕工十分精美,石狮台座下另设斗栱数跳,与一般台座不同,最具特色。此亭是一观景佳处,无论晨昏阴晴,皆有沁心情怀。

颐和园长廊

北京

颐和园长廊是中国园林中最长的廊子,东起邀月门,西至石丈亭,全长728米,273间。由东而西,分别建有留佳、寄澜、秋水、清遥四座八角重檐的亭子,分别代表春、夏、秋、冬四季,除其所具之特殊意义外,也破除了长廊外观的单调感。长廊如一条彩带,把颐和园内的山水景物与建筑,串成一个结构紧密的整体,极尽造园艺术之美。每当烟雨濛濛,或皑皑白雪之日,沿长廊漫步可饱览湖山之美。

颐和园
养云轩前长廊

北京

"廊"大多是依附其他建筑而建，颐和园的"长廊"也不例外。它是沿万寿山南麓，环绕昆明湖北岸构筑而成。长廊蜿蜒曲折，又名"回廊"，建于清高宗乾隆十五年(1750年)，文宗咸丰十年(1860年)为英、法联军所焚，而于清光绪年间重修。廊中设有大小的轩榭亭阁，将长廊分成各具特色和风味的段落，一根廊柱与横楣，则构成一个天然的景框，达到步移景异、变化无穷的境界。访客在欣赏湖光美景之际，又可细品廊间精雕细琢的巧艺，正值朝夕之际，林烟漫布，霞光斑斓，仿佛置身仙境。

颐和园长廊及彩画

长廊的另一特色,是枋梁间的彩画,共达一万四千余幅,其中半圆形包袱彩画有千余幅,内容包括:江南风景、翎毛花卉、神仙故事,如《三国演义》、《封神榜》、《水浒传》、《西厢记》等。相传彩画中有546幅是清乾隆遣人到江南西湖临摹写生,再画到长廊上的,画中人物故事、山水、花鸟等皆生动活泼,幅幅精美。沿廊信步,廊外暑热冬雪、春雨秋霜,均不影响游人兴致,赏景观画各有其趣。

北京

颐和园养云轩

养云轩位于排云殿东侧,湖岸有长廊与其他建筑物相连,此轩门外,林木森森,相互掩映,互不相属,自有妙趣,绿树成荫,全无暑意,是帝王游玩和纳凉之所。门上及左右各有一石雕朱字对联,横批是"川涌云飞",左右则是"天外是银河烟波宛转,云中开翠幄香雨霏微"。走下石阶,可经一桥而至园中其他楼阁,此桥色泽古朴,与周围景色搭配合宜,桥面呈弧状,极具曲线美,桥两侧栏杆造型奇特,十分少见。

北京

颐和园、圆明园与玉泉山平面图

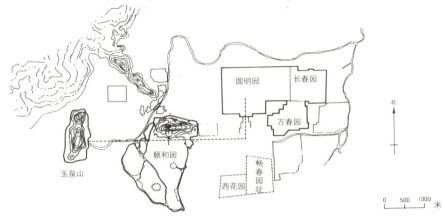

颐和园总平面图

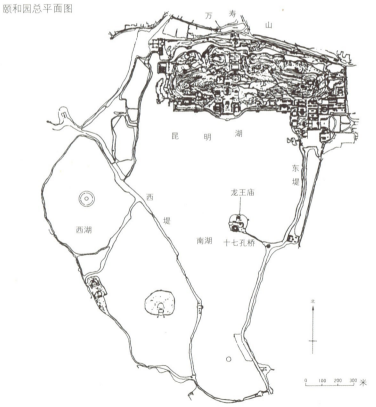

118 / 119 颐和园

**颐和园
佛香阁全貌**

北京

佛香阁居万寿山前山,建筑外观为八面四层楼式,八角攒尖顶,高41米,下有20米的石台基,两道斜长阶梯与其下排云殿等堂屋相连,气势宏伟,景观突出,是全园的中心建筑,更是颐和园的标志。清高宗乾隆时期,曾在此修九层延寿塔,至第八层"奉旨停修",改建佛香阁,文宗咸丰十年(1860年)时毁于英、法联军,后于光绪年间在原址依样重建,供奉佛像,始成今日风貌。登佛香阁四周游廊,可恣情饱览园内外风光,也可俯瞰昆明湖上的璀璨景致。

颐和园排云殿前牌坊

排云殿一组建筑饰朱柱黄琉璃瓦,立于汉白玉石须弥座之上,外观十分宏伟华丽。殿前有一崇高牌坊,为三间四柱七楼式,最高层斗栱出跳四层,其余各层斗栱出跳逐层递减。梁上施以旋子彩画,梁枋下透雕龙凤、花鸟等图案,色彩繁复多样,整体造型尊贵华美。由牌坊向万寿山仰望可看见排云殿金黄色琉璃瓦,再后者则是佛香阁的楼塔。"排云"取意于晋郭璞《游仙诗》中"神仙排云出,但见金银台",是把此处比作神仙宫殿。

北京

颐和园转轮藏

北京

转轮藏位于佛香阁东侧山坡上,是一座宗教建筑,由正殿和东西两座配亭及飞廊所组成。正殿为三层楼阁,两侧配亭则为两层八角单檐。在配亭中各有一木塔贯穿,塔下有轴,推之可转,每转一次代替念了许多经,喇嘛教称作转经,此是佛教法器演化而来的建筑物。在庭院中有一高大的石碑,立于满刻佛像的石须弥座上,石碑形式系模仿嵩山嵩阳观碑,碑顶刻饰四条石龙拱珠,碑正面刻乾隆写"万寿山昆明湖",背面刻"万寿山昆明湖记"。

颐和园铜亭

北京

铜亭正名为宝云阁,为佛经名。亭位于佛香阁西侧的山坡上,与东面的转轮藏对称。清高宗乾隆二十年(1775年)始建,重檐歇山顶,四面菱花槅扇,高7.55米,重210吨,全部构件均为铜仿木结构,整体造型及细部制造均十分精美,通体呈蟹青色,予人平实沉稳的感觉。亭坐落在汉白玉须弥座上,是中国古建筑中的珍品,清代每逢初一、十五,有喇嘛在此诵经,为慈禧祈福求寿。殿内佛像供器经清末列强的抢掠破坏,已荡然无存,门窗亦散失不全,使宝云阁状如亭子,故俗称铜亭。

颐和园排云殿与昆明湖

北京

排云殿位于万寿山前山中部,是慈禧寿辰时接受贺拜、举行庆典的地方。殿前有排云门、二宫门,两边分别列有紫霄、玉华、芳辉、云锦四配殿。排云门与二宫门之间有一方形水池,上架金桥。正殿左右两侧均有耳殿,中间有复道相连,横列共21间。全部建筑均以游廊贯串,并饰黄琉璃瓦盖顶,为颐和园最壮观的建筑群。由此俯瞰昆明湖,隐约可见龙王庙、十七孔桥和西堤等,湖面浩渺无垠。近处层层下降的金黄色宫殿屋宇,形成一条明显轴线,表现出非凡的皇家园林气势。

颐和园佛香阁

北京

图为自排云殿东侧配殿望佛香阁,佛香阁是一座外檐四层、平面呈八角形的楼阁型宗教建筑,阁内供奉佛像。阁立于高20米的石造台基上,使整座阁楼立于半山之上,加之阁本身的宏伟壮丽,外观十分雄伟崇高。佛香阁各层屋顶皆饰黄琉璃瓦绿剪边,在红色的立柱和门窗,以及排云殿的黄色琉璃瓦掩映之下,色彩鲜丽,形象十分突出。图左侧为排云殿,其后为德辉殿,金黄色的琉璃瓦层层掩映,更衬托出佛香阁的高大与尊贵。

颐和园爬山廊

北京

在中国园林建筑中，廊是极为重要的建筑形式，用以连接各建筑体。或为单廊，或为复廊，或回旋折曲，或笔直向前，爬山廊则为其中特殊形式。爬山廊多依地形建造，连接上、下之建筑物。图为排云殿后与佛香阁台基间的爬山廊，游客可经由此廊向上，再经登阁阶梯而至佛香阁。此爬山廊的设计乃仿自长廊，廊柱古朴，上饰花、鸟等苏式彩画，设色华美。廊走势曲折，漫步其间，步移景异，无论阴晴雨雪，廊外景致，画入眼中，幽亮昏明，疏朗错落，予人不同情致。

颐和园佛香阁内景

佛香阁为八面四层的楼、塔、阁相结合的巨型建筑,通高41米。内有八根坚硬的铁梨木擎天柱,柱呈朱红,十分瑰丽,藻井满饰金龙,梁枋则为旋子彩画,繁复多样,令人目不暇接。室内有一尊大佛像,立于须弥座之上,通体金黄,佛手执法器或作手印,并刻饰四面佛首,象征佛法无边,扩及四方,佛像身后,在壁上绘有多个佛像。室内摆设精简,色彩鲜明华丽,予人肃穆宁静的感觉。

北京

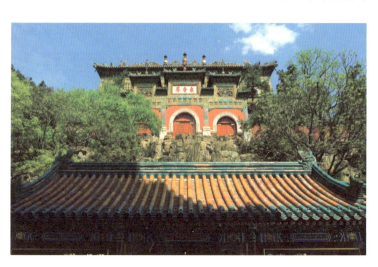

颐和园 众香界与智慧海

众香界和智慧海位于万寿山巅。智慧海是一座无梁佛殿,由纵横相间的拱券结构组成。通体用五色琉璃砖瓦装饰,色彩绚丽,图案精美,尤以嵌于殿外壁面的1008尊琉璃佛更富特色。殿内有一高大观音坐像,为清乾隆时造。殿前有一琉璃牌坊,名众香界,"众香"是指佛教中的理想国——众香国。智慧海南侧和众香界牌坊前后的石额依次题写为"众香界"、"祇福林"、"智慧海"、"吉祥云",构成佛家的一首三字偈语。

北京

颐和园香岩宗印之阁

北京

　　香岩宗印之阁位于万寿山后山湖区,是此区的主体建筑,其周围分布有四大部洲、八小部洲、日月台和四座塔台。香岩宗印之阁又名后大庙,始建于乾隆年间,原为一座三层的巨型楼阁,是西藏三摩耶式的喇嘛教寺庙。公元1860年遭英、法联军烧毁。光绪年间在其基础上改建为一层的佛教建筑,仍沿用香岩宗印之阁的旧名。现今庙内供有三世佛及十八罗汉像,外墙均饰红漆,阁高踞于高台之上,外表雄伟浑实,庄重泰然。

颐和园
香岩宗印之阁
望南瞻部洲

北京

图为香岩宗印之阁东侧一隅,为四大部洲(东胜神洲、西牛贺洲、南瞻部洲、北俱卢洲)中的南瞻部洲。其旁之藏式小塔呈黑色,代表宇宙四要素之一的水。南瞻部洲楼高三层,屋顶采用黄色琉璃瓦,屋檐四角饰有铜铎四个,每有清风,铎声悦耳动人,斗栱、横梁均饰旋子彩画,色彩华美,图案繁复,第二层四面各饰盲窗两个,两层开券门。红白墙色调对比分明,配以黄瓦、黑塔,予人平实、近人、肃穆、清静的不同感觉。

**颐和园
须弥灵境一隅**

北京

须弥灵境在万寿山后山中部,是一组汉藏结合式的喇嘛教建筑,主体建筑为香岩宗印之阁,周围布置喇嘛教的平台、尖塔,称作四大部洲和四小部洲,是佛国世界和宇宙的象征,清末毁于战火之中,近年加以重建而成。图为须弥灵境一角,这组喇嘛教建筑红基白壁,琉璃放彩。远处的藏式小塔共红、白、黑、绿四座,称作"四智",也解释为地、火、水、风宇宙四要素。小塔形状奇异,圆尖互用,十分高耸,由下仰望,塔尖入云,高不可测。

颐和园多宝塔

多宝塔在万寿山后山中部的山坡上，塔高逾16米，八角七层，上饰伞状塔刹，塔身全以五彩琉璃装饰。塔的比例清瘦高耸，塔檐疏密相间，富有节奏感。每层檐的颜色都不相同，用黄、绿、酱、紫、蓝五色交错配置，颜色绚丽，丰富多彩，十分别致。檐下另悬铜铎，并饰斗栱。塔身嵌有琉璃佛像596尊，下承汉白玉须弥座，四周围以红墙，前设冲天两柱牌楼一座。塔与牌楼间有用汉、满、蒙、藏文镌刻的《多宝琉璃塔颂》石碑。

北京

颐和园景福阁

景福阁在万寿山东部的山巅上，与西部山岭的湖山真意遥相对应。这是一座四面出抱厦的殿阁，外观雍容大度，平实稳重，抱厦均为卷棚歇山顶，不饰走兽，造型朴实，位置高爽，视野广阔，最宜在此赏雨观雪。清高宗乾隆时，景福阁为菊花形的悬花阁，后被英、法联军所毁，慈禧重修时改建为景福阁。阁前部有宽大敞厅，慈禧曾在此观云、赏月，并接见外国使节。阁名景福，取自《诗经·大雅》中："神之听之，介雨景福"，寓洪福齐天之意。

北京

颐和园涵远堂

北京

　　涵远堂是谐趣园内的主体建筑,占着全园的中心位置。从体量上而言,涵远堂比东岸的知春堂和西岸的澄爽斋高大许多,若与回廊和小巧玲珑的几座亭子相比,就更显其宏伟的气势了。堂左侧有瞩新楼相配,右后侧的半山上有湛清轩相衬,在前面荷池中投下清晰的倒影,更突出涵远堂一景的画面层次。园内建筑间有迂回曲折的游廊相通。室外廊边花木扶疏,竹影参差,池中茂生红莲,碧绿清新,富有江南园林情趣。

颐和园谐趣园

北京

谐趣园位于颐和园的东北角,属后山建筑群,是仿无锡寄畅园修建的一座园中之园。这座小园始建于清高宗乾隆十六年(1751年),原名惠山园,仁宗嘉庆十六年(1811年)重修,取"以物外之静趣,谐寸田之中和"而改称今名。园内以荷池为构图中心,环池设有亭、榭、廊、轩、桥,布置曲折,处处皆成佳景。图中荷池远处景致是知鱼桥和桥东面的牌坊。"知鱼"取自庄子和惠子游于濠梁之上辩论鱼是否快乐的故事。

**颐和园
谐趣园荷池**

北京

谐趣园中的荷池,折向西南,呈曲尺形。图为西南湖池的美景,知春亭、"引镜"等水榭建筑凌于水面,便于欣赏园景。湖池四周,都以太湖石砌成驳岸,有意折出许多小湾,造成了岸曲水回的气氛。湖池中广植荷莲,有鱼游乐其中,欣赏情趣更浓。岸边垂柳拂杨,透过湛绿的杨柳看婉转曲折的亭榭,小园更显幽深莫测,在远处高大的林木背景中,更增添了园景的妩媚,构成一幅耐人寻味的画面。

颐和园 乐寿堂内景

乐寿堂位于颐和园东北,面临昆明湖。堂中西内间为慈禧太后寝宫,东内间为更衣室,正厅设有宝座、御案、掌扇、屏风等。宝座前置有名贵的青花瓷大果盘和四只镀金九桃大铜炉,均为慈禧太后生前原物。正厅堂阶两侧有铜铸梅花鹿、仙鹤和大瓶对称排列,为取谐音"六合太平"之意。图为乐寿堂中间寝室,色彩华丽,摆设精美,充分展现皇家尊贵的气息,墙上有一大型寿字,与堂名相符合,其下有西洋钟一座,是慈禧喜爱的玩赏之物。

北京

颐和园
水木自亲内长廊与什锦玻璃窗

北京

水木自亲是乐寿堂建筑群最外围的建筑体,前临昆明湖,后接青芝岫,并以左右长廊与颐和园长廊及乐寿堂东面的垂花门相接。图为水木自亲内长廊,举目可见栩栩如生的花鸟及人物苏式彩画,包袱外以蓝色为底,与其下倒挂楣子及额枋所施朱红色彩画成鲜明对比,益显鲜丽之色。近昆明湖一侧的墙壁上开有许多什锦玻璃窗,造型各异。倚窗可远望昆明湖景色,向内则可见造型奇雅的青芝岫。

颐和园 水木自亲

北京

水木自亲位于乐寿堂庭院的最前端,前临昆明湖,额有"水木自亲"四字,轩前湖岸为慈禧的御舟停泊处。轩后有大石如屏,承以石座,遍雕海水花纹,俗名"败家石",即青芝岫。水木自亲两侧有长廊围绕,在白壁之上,有多个什锦玻璃窗,造型各异,巧妙成趣。壁面有一排石栏杆,若逢佳日,在此临水观景,自有不同心怀。在此视野十分辽阔,昆明湖的粼粼波光,远处的佳美景观,尽收眼底,实为一赏景佳处。

颐和园紫气东来城关

北京

紫气东来城关在万寿山东麓，居谐趣园之南、德和园之东。是从万寿山东进入后山的关口，峙于两峰之间，为重檐城楼式建筑，其上有砖砌雉堞，上饰卷草纹样。南侧洞门上方有"紫气东来"额雕，寓有圣人和瑞祥降临，指老子过函谷关的故事，杜甫亦有诗"东来紫气满函关"。北侧城额"赤城霞起"，采用晋孙绰《天台山赋》中名句。登此城关可望谐趣园内的池榭，城关本身既是点景之处，又是当年园内分区防卫的据点。

颐和园买卖街

北京

买卖街俗称苏州街，位于颐和园后溪河(后湖)中段的南北两岸，长约270米，河岸曲折有致，港汊支路萦绕，一派江南水乡景象。沿岸有各色店铺数十处，但全部商铺的门脸均为清代北京的流行式样，是南北风格的结合，从前每逢帝后游园，由太监装扮商人作市肆交易取乐。此街是模仿苏州临河街道而建的，后被英、法联军所毁，现仅存驳岸建筑遗迹与小桥两座。今日所见鸣佩斋、吐云号、步云斋等数家铺号为近年复建而成。

圆明园
大水法遗迹

<small>北京</small>

大水法为石龛式建筑,前有三组喷水池,中间水池边立有大型石狮头,从狮嘴中可喷射出水柱,形同瀑布,十分奇特壮丽。池中间设有石鹿,两侧立有10只石狗,由石狗口中喷水射向石鹿,即所谓的"猎狗逐鹿",细看残迹,可想像当年园景风貌之壮丽,今日徒留断石处处,令人唏嘘。这些残石正以沉默控诉着清末列强对中国的侵略、对文明的践踏,但它在艺术上所取得的高度成就不曾因此而稍有泯灭。

圆明园
观水法石屏风

<small>北京</small>

观水法在圆明园西洋楼远瀛观南端,坐南朝北,是乾隆观看喷水景色之地,设有宝座和拱卫其后的石屏风。石屏风主要由五块雕有甲胄兵器图案的长方形石牌组成,每一方石牌图案均不相同,石牌大小亦各有异,中间最大,两边对称略小,石牌的浮雕精细,体形近于实物,十分逼真。宣统二年(1910年)后,残存的石屏风雕花石心被载涛运往明润园内,后于公元1977年再运回原址。图为观水法石屏风的残迹。

圆明园西洋楼
远瀛观正面残迹

北京

圆明园建筑分为圆明园、长春园与万春园三部分，远瀛观属长春园建筑群，居海晏堂之东，原为一组大型建筑的统称。在南北轴线上分三个部分，最北的高台上是远瀛观，中间是大水法，最南端则是观水法。远瀛观为重檐琉璃瓦顶，采用大跨度柁梁，建筑十分讲究、宏伟。图中这些欧洲文艺复兴时期洛可可风格的石柱上，细腻的浮雕，繁复的图案，线条的优美，处处显示出当时花费之巨，以及中国工匠的高超技艺。

圆明园西洋楼海晏堂遗迹

北京

海晏堂位于方外观之东,是西洋楼建筑中最大的一栋楼,主体建筑为两层楼房,面西而立,十分宏伟壮丽,建筑外观中西合璧,石雕、喷水组合得宜。门前石阶下有蓄水池,池边列有按中国十二生肖形象铸造的人体兽头铜像,经由水法的驱动,这些铜像能依次每隔一个时辰(两小时)轮流喷水,到了正午,十二个铜像则一齐喷水,巧思和技艺的结合,在此得到印证。海晏堂后是与之相连的工字形楼,作安放提水车和蓄水之用。

圆明园
西洋楼方外观

西洋楼方外观属长春园建筑群,位居养雀笼以东,完工于清高宗乾隆二十五年(1760年)。这里的建筑大都是以大理石加刻回纹作装饰,虽已全貌尽毁,四角的石柱仍然有力地直指蓝天、屹立不摇,刚劲有力。方外观是乾隆皇帝为香妃所建造,是专作礼拜用的建筑,因香妃是维吾尔族人,所以这座建筑的外墙面采用有回纹的大理石装饰,具有边疆少数民族的宫苑建筑特色。在夕阳、秋暮或冬雪时分,见此残迹断石,益发显得冷清、落寞。

北京

避暑山庄 万壑松风

河北承德

万壑松风是松鹤斋建筑群最北面的一组建筑,主殿万壑松风于乾隆时改名"纪恩堂",面阔五间,进深两间,周围廊,卷棚歇山顶,是康熙批阅奏章、接见官吏的地方。建筑布局自由,踞冈临湖,临窗北望,湖光山色,群山叠翠,风景绝佳。山下青松茂密,气势浩瀚。殿北以青石砌成磴道,蜿蜒而下,可达湖滨,是中部观赏路线的起点。殿南的五栋建筑均为小式硬山房,其中的鉴始斋,曾是乾隆幼年的读书处。

避暑山庄 四知书屋

河北承德

避暑山庄园区广大,分正宫区、湖区、平原区与山岳区,正宫区为清帝在承德处理政务的中心。四知书屋在澹泊敬诚殿后,原称依清旷院,面阔五间,进深三间,有前后廊,卷棚硬山顶,前檐悬挂"四知书屋"匾额。两侧以低矮走廊与主殿相连,是皇帝上朝前休息的地方。庭院内散植古松,苍劲挺拔,树形皎美。苍松绿草,不饰铅华,环境清幽,每有清风徐来,松香扑鼻,清脑怡神。"四知"出自《易经·系辞》:"君子知微知彰,知柔知刚,万物之望",作为人主的自勉言。

避暑山庄 月色江声岛

河北承德

　　月色江声岛在如意洲东南面,属湖区,位于上湖和下湖之间,是湖区中的第二大岛。岛上有一组宫殿,主殿静寄山房是皇帝读书之所。门殿上有康熙手书"月色江声"匾额一面。岛上这组建筑的平面布局,建筑造型均较平淡,而岸边垂柳,院内古松,弥补了岛上景色的不足。"月色江声"出自苏轼《赤壁赋》:"月出于东山之上,徘徊于斗牛之间","江流有声,断岸千尺",因此处可听下湖水泻入银湖之声,当月上东山,景色如画。(摄影/陈克寅)

避暑山庄水心榭
望芝径云堤

河北承德

芝径云堤居如意湖、上湖、下湖之间,逶迤曲折。芝径云堤系仿杭州西湖的苏堤、白堤而建造,是康熙三十六景中的第二景。长堤连接如意洲,如同一株灵芝,洲岛为芝叶,长堤即为芝径,又像堤连接云朵,故名,是中国园林中充满诗意的想像力和极高文学造诣结合而成。漫步在这条长堤上,杨柳、碧波、远山,一派江南水乡景色,堤旁遍植垂杨,湖内则栽有莲、荷、菱、蒲,随风荡漾,而水中鲤鲶沉浮悠游,更增水乡风韵。

避暑山庄
水心榭全景

河北承德

水心榭在下湖和银湖之间,居东宫卷阿胜境殿北面。此处原为湖区的闸门,康熙四十八年(1709年)在界墙东增辟银湖和镜湖。在原址的水闸上架石桥,桥上建亭榭三座,中间是重檐歇山卷棚顶,两端为重檐攒尖顶。三座建筑物的比例匀称,组织紧密,构造协调,成为湖区的重要景观。立于榭中可遥望西面芝径云堤的柳暗花明,东望则池荷红花点点,内湖水深,可渡游船,外湖水浅,遍植荷花,形成不同景色,美景更是不可胜数。

避暑山庄临芳墅

河北承德

临芳墅位于湖区西部,这里是湖区和山岳区的毗连地带,建筑规模较小,但对丰富的湖光山色,却增加不少山庄画面的层次感,带来良好的效果。临芳墅位于湖山之间,加上本身建筑的色朴雅实,更能与周围景物协调一致,无突兀之感。在湖水澄澈,翠柳垂波,红莲袅娜,古木葱茏的点缀掩映之间,整个湖山情趣横溢,景色万千,有遗世独居、置身人间仙境之感。

避暑山庄芝径云堤望芳渚临流

河北承德

芝径云堤曲折有致，堤上古木高耸，绿荫如云，枝叶异常繁茂，中间湖水为如意湖，位于长堤之西，湖水澄澈如镜，远山如黛，岸柳成荫，芳渚临流的亭阁倒影，增添水面富丽，白云绿水，掩映水中，景色更加宜人。清晨水面常有袅袅水汽，如烟如雾，如幻似真，有如仙境；黄昏落日，夕阳多彩，水面似金，波光粼粼，伫立堤上，清风拂面，美景夺目沁心，心怡神清，难以言喻。

避暑山庄金山

河北承德

金山位于如意洲正东,是澄湖东岸的一座岛山,略成圆形,岛上山石嶙峋,配合地势起伏,系仿江苏镇江金山寺的建筑。门殿朝西面向如意洲,乾隆题匾"金山"。殿后地势升高,建有镜水云岑殿。沿湖结合岛的形状,依岸临水,并随地势建有游廊,左右环抱呈半圆形。殿北接芳洲亭,南连天宇咸畅。最高为上帝阁,呈六角三层,各层楼额均有康熙题字。登阁凭廊可远眺园中美景,是湖区的最高风景点。

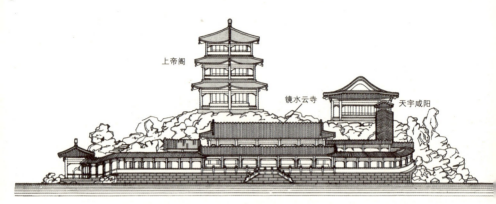

金山正立面图

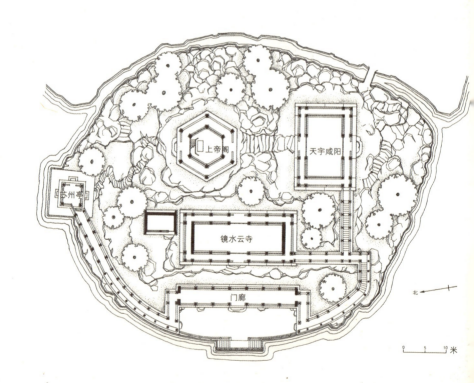

金山平面图

避暑山庄

避暑山庄
上帝阁望烟雨楼

河北承德

上帝阁俗称金山亭,因四面环水又是湖区最高的地方,登阁四顾,"仰接云霄,俯临碧水",可以拥览山庄内的湖光佳景。图为登阁向西北面望烟雨楼,右下方为岛北侧临水而建的芳洲亭,与回廊相连,漫步其间,可至他处。烟雨楼是仿浙江嘉兴南湖烟雨楼意境而建。楼为上下各五间的两层楼房,周有廊环绕,朝雾夕雨时分,登楼望远,细雨如烟,朝雾如云,烟茫漫步,恍如仙境。登阁望之,湖光山色,亭廊建筑,色古颜雅,远相近配,美景当前,意境深远。

上帝阁南立面图

避暑山庄
上帝阁望上湖

河北承德

上帝阁位于金山,是湖区最高风景点。登阁可远眺四周风景,视野辽阔,风景极佳。图为登上帝阁望西南面上湖一景,图右下建筑为康熙题第三十二景的"镜水云岑"。镜水云岑位于上帝阁之下,殿五间,面西。两侧曲廊环绕,正面门廊,原有康熙题"金山"匾额,前面石堤蜿蜒,堤下石阶两出直达水面,可由此泛舟湖上。建筑设计精巧玲珑,前后高低,错落有致,湖面波光粼粼,古松刚劲有力,景美心怡,不忍远离。

避暑山庄
临芳墅望烟雨楼
假山和磬锤峰

河北承德

临芳墅在如意湖西岸,水流云在亭西南面。墅内有前殿三楹,殿临清波,游鱼上下,前望如意,湖水清澈明净,微风徐拂,涟漪粼粼,湖山倒影,一片翠绿。透过湖面可眺望烟雨楼,楼南假山置有一亭,名"翼亭",建筑与自然相结合,不生突兀之感,旁有古木参天,荔荔郁郁,随风摆动生姿,而岸旁的柳树则是柳叶垂波,与湖中的红莲,相互对映,由此可远眺东面远山的磬锤峰,此峰为一借景,使此景观生辉不少。

避暑山庄澄湖

河北承德

　　山庄内的湖泊面积皆不大,包括洲岛在内约是43公顷。湖面洲岛罗列,有大小岛屿八个。由岛与长堤把湖面分割成大小八个部分,而以西部的如意湖和北面的澄湖面积较大。湖泊的水源,主要是引武烈河水经"暖流暄波"进入山庄,另外山岳区的山泉、雨水也汇聚湖中。图为澄湖的部分画面,岸旁林木葱茏,树态各异,巧生情趣。湖中植有荷莲,随风荡漾,十分美丽。远方的永祐寺塔,半露于绿树间,让人误觉其高耸不可测。

**避暑山庄
文津阁大假山**

文津阁前设有水池，本意在消防，并在水中及池边满置山石、树木，使之添加不少园林风光。跨越池上石桥可达池南假山。假山上石峰嵘峋峭拔，巍峨多姿，造成"十八学士登瀛洲"的境界，又有承德十大名山的意趣。假山下有洞府，石洞曲折、幽邃。洞顶有石孔透光，倒映水池之中，形成一弯新月，更增添幽静气氛。假山东有月台碑，碑上有"月台"两个大字。西有趣亭遗址，今已不存，但可遥想当年小亭在石峰掩映下的情趣。

河北承德

避暑山庄文津阁

河北承德

文津阁在万树园西之山麓,是清朝专藏《四库全书》的建筑之一,与北京紫禁城内的文渊阁、圆明园的文源阁、沈阳故宫的文溯阁合称"内廷四阁"。阁外观两层,一、二层设夹层,进深三间,硬山卷棚布瓦顶,苏式彩画,以书册文物为画面内容,色彩亦以墨绿为主。配合周环景物,极为淡雅。这一藏书楼是采宁波天一阁体制。阁前设半圆形水池,池南环叠山石,其上置有亭台各一座。

避暑山庄 锤峰落照亭

河北承德

　　锤峰落照亭位于榛子峪北侧的山脊上,与山庄外东面的磬锤峰遥相对望。亭平面为三开间正方形,卷棚歇山式屋顶,建筑形式配合地形,外观平稳庄重,浑厚恢宏。在这里可纵观湖山亭阁,是欣赏山庄全景的最佳地方。每当暮色茫茫的黄昏,落日余晖映照在锤峰之上时,光彩夺目,耀眼绚丽,给景物增添不少奇幻的色彩。每当冬雪时分,银装素裹,白雪皑皑,闪耀寒光,景色更是壮丽非凡。

避暑山庄武烈河与永佑寺塔

河北承德

永佑寺位于东成阁之南，嘉树轩以北，是一大型寺庙，山门外有三座牌坊，山门北方的中轴线上有前殿、宝轮殿、后殿相继排列，内供奉弥勒、三世佛、八大菩萨和无量寿佛。寺后拔地而起的是高九层八角的舍利塔，塔后有一御容楼，专门供奉清代已亡皇帝的画像。东有偏殿名"写心精舍"，是皇帝谒神御时的休息处。舍利塔外形高耸，十分显著，与周旁屋舍相较，更见其崇高伟然。武烈河在山庄东侧蜿蜒而下，河水清澈，曲折生姿。

避暑山庄宫墙

河北承德

避暑山庄地处狮子沟南面,武烈河以西,山庄总面积为5.64平方公里(近8500公亩),周围环宫墙,依山势起伏,蜿蜒绵长,像是万里长城的缩影。宫墙周长约20华里,高1丈,厚5市尺,沿墙设有四十座堆拨(守兵营房)。墙体全用黄色毛石砌筑而成,有自然的砌缝,俗称虎皮墙。此宫墙外表十分雄伟,有防御护卫的功用,远处望之,犹如一摆动身躯的大龙,横卧于群山万峦之中。

避暑山庄
北枕双峰东望

河北承德

图为自避暑山庄山岳区北部北枕双峰亭东望山庄及山庄外景致,由此东望可见武烈河,山峦起伏,林木葱茏,房舍遍野。图右下方为永佑寺塔,塔坐北朝南,平面呈八角,高九层,乃仿南京报恩寺塔和杭州六和塔而建。宝塔巍然,拔地而起,配以翠绿原野,有高耸入云之势,十分庄严。图左上为磬锤峰,俗称棒槌山,峰高38.29米,而峰顶海拔596.29米,登临平台,仰首望之,令人眩目,实为奇险。

附录一 / 建筑词汇

一池三山：园林理水的一种传统模式。这种摹仿自然山水、象征自然景观的手法成为古代造园的主要创作方法。这种池中设岛的格局也成为中国园林山水布局的特征和雏形。

九龙壁：明清时期用琉璃制成九龙浮雕的大型影壁。

土山：园林山体形式之一。全部用土堆筑的假山，山上可种树木，形成葱茏的山林气氛。

太湖石：园林叠石所用主要石料之一，有南、北之分。属石灰岩一类的岩石，山中、水中皆有所产，以太湖一带出产最为著名，故称"太湖石"。

水法：喷水池。

水廊：临水而筑或跨越水面之上的廊。

台：上古时天子祭天的建筑，居高临下，可以远眺。有人认为是象征山岳。以后演变为苑囿中的游乐建筑。

石矶：园中山石水景形式之一。临水处伸向水面出挑的水平石块，紧贴水面，矶下水流曲绕萦回，可坐于石上垂钓，又名"钓矶"、"钓"。

曲廊：廊的形式之一。布置多曲折迤逦，引导游人行进时变换视景角度，步移景异。

池：园林水景形式之一。水面较小的静态水体，常见于规模不大的园林，或大型园林中的景区。

佛塔：源于印度，用以藏舍利和经卷等。平面以方形、八角形为多，层数一般为单数，用木、砖和石等材料建成。

甬道：楼阁间相通的复道。

枋：较小于梁之辅材。

爬山廊：廊的形式之一。建在地势起伏的山坡上，用以联系不同标高的建筑物，廊内可设踏步或坡道，屋顶呈斜坡，亦可作成跌落式。

亭：平面为圆形、方形或正多边形之建筑物。

囿：中国古代豢养禽兽的、有一定范围的天然场所，供帝王贵族狩猎、游乐之用。

泉：园林水景形式之一。泉的处理宜顺其自然，景从境出。

飞阁：架在空中建筑的阁道。

借景：中国园林传统造景手法之一。即将园内、外目力所及之范围内的佳景组织到风景画面中。

宫观：古代苑囿中供帝王休息和游乐的一种建筑。

岛：园林理水方式之一。湖、池中被水环绕的小块陆地，中国古代园林有"一池三山"之说，即指水中设岛。

轩：园林中常见的一种开敞型建筑，往往称作"敞轩"，常建于园中次要位置。

回廊：围合庭院的有顶的通道。

院落：中国园林建筑的重要组合方式，也称"庭院"。以建筑为主体，用廊墙等围合而成，主要起划分空间和景区的作用，使园中有园，景中有景。

琉璃瓦：带釉之瓦，多为黄色或绿色，亦有蓝、黑及其他颜色，一般用于宫殿和寺庙建筑。

匾额：挂在厅堂或亭榭上的题字横额。

御路：宫殿台基之前，踏跺的中央做成斜置的雕有云龙、凤饰的石条，石条两侧为阶梯式踏步。御路实际上不能通行，皇帝是坐在辇舆上空抬而过的。

望柱：立于石栏杆栏板之间的立柱。

造园：为满足人类物质与精神的需求，在特定的空间范围内，以山石、水体、植物、建筑等作为物质素材，按照一定的功能需要和艺术构思，给予规划、设计，成为具有一定社会功能、环境质量和美学评价之技术和艺术的综合体。

喇嘛塔：亦称覆钵式塔。塔的下部有一个层层上收的台基，基座上是形似覆钵的半圆体，覆钵之上为塔刹，塔刹由须弥座、十三天、宝盖、宝顶四部分组成。

围墙：上面无盖，不蔽风雨，只分界限之墙。

堤：沿水边或跨水设置的拦水、隔水构筑物，多用在尺度较大的空间水体中。可分隔水面，增加景深，控制水位，作为道路基础。

景点：构成园林景观的基本单元。凡具有特殊景观价值的自然景物，都可成为景点，由若干景点形成景区，再由若干景区组成整个园林。

湖：园林水景形式之一。为面积较大的集中水体，空间辽阔，常见于自然风景园或皇家苑囿，如北海、颐和园昆明湖、西湖、玄武湖等。

无梁殿：全部使用砖石券砌而成，结构以券洞为主，外观则以砖石模仿古代木构形制。

牌坊：原来是一种门洞形的纪念建筑，用以标榜功德，同时划分或控制空间。一般采用木材、砖石、琉璃等材料建造。

园林：也称"造园"。

楣：门户上的横木。

游廊：建筑群中用以联络之独立有覆盖的走道，是园林或院落中一个与室外环境既隔且连、富于变化的空间。

隔墙：依使用要求分隔建筑内部空间的竖立构件，它不同于承受外来荷载的内墙，因此可较灵活地直接做在楼板上。

榭：园林主要建筑形式之一。原意为台上建屋。园中榭多建于水边，又称"水榭"。

漏窗：又称花窗。通常用砖瓦磨制镶嵌在墙面上，构成玲珑剔透的花纹图案，用以装饰墙面。

汉白玉：颜色洁白、质地细密坚硬的大理岩，是上等的建筑材料。

蒙古包：满族对蒙古族牧民住房的称呼。四周用条木结成网状圆壁，壁上留木框门，用椽组成伞骨形圆顶，再盖上毛毡，用绳索勒紧，顶的中央留有圆形天窗。易拆装、迁移。

阁：园林中常用的建筑形式之一，其功能及位置与楼相仿但体量小。阁多建于平地，有时依山建阁；也可临水建阁，称为水阁。

阁道：即楼廊，乃廊的形式之一。有上下两层，多为封闭形，用于连接分散的宫室建筑，作为通道。

楼：园林中常用的二层及以上的观赏建筑，可登高眺望，游憩观景。

复道：楼阁之间有通道而架空之建筑。

桥：园林理水工程之一。在以山水取胜的中国园林中，不仅用于连接园路，还有分隔水面、增添水景变化的作用，其本身造型优美，亦可为园中一景。

翼角：屋面转角处的总称，因向上呈曲线形翘起，如鸟之翼，故名。

点景：在园林景观中点缀以较突出的景物，常用建筑物，多以景色命名、题咏的方式进行高度概括，起画龙点睛的作用。

斋：园林中的建筑名称之一。位于幽深僻静处的学馆书斋之类建筑，空间较封闭，往往藏而不露，形式不拘。

阙：中国古代用于标志建筑群入口的建筑物，常见于城池、宫殿、宅第、祠庙和陵墓之前。通常左右各一，其间有路可通。

离宫：在都城以外建造的居住宫室和游乐建筑。

罗城：为加强防守，在城墙外加建的小城堡。

苏式彩画：以花鸟、鱼虫、山水、人物、翎毛和花卉为主要题材，多用于园林、宅第建筑。

栏板：栏杆望柱之间的石板。

露台：建筑物上无顶的平台。

叠石：园林中以山石叠筑的小型假山。采用数量较多的山石堆叠而成的具有天然山体变化的造型，常用于点缀园林空间和建筑旁。

灵囿：周文王所建之囿。除供帝王畋猎囿游之外，也允许樵夫、猎人打柴禾、捉雉兔。

附录二 / 中国古建筑年表

朝代	年代	中国年号	大事纪要
新石器时代	前约4800年		今河姆渡村东北已建成干阑式建筑(浙江余姚)
	前约4500年		今半坡村已建成原始社会的大方形房屋(陕西西安)
	前3310~2378		建瑶山良渚文化祭坛(浙江余杭)
	前约3000年		今灰嘴乡已建成长方形平面的房屋(河南偃师)
	前约3000年		今江西省清江县已出现长脊短檐的倒梯形屋顶的房屋
	前约3000年		建牛河梁红山文化女神庙(辽宁凌源)
商	前1900~1500		二里头商代早期宫殿遗址,是中国已知最早的宫殿遗址(河南偃师)
	前17~11世纪		今河南郑州已出现版筑墙、夯土地基的长方形住宅
	前1384	盘庚十五年	迁都于殷,营建商后期都城(即殷墟,今河南安阳小屯)
	前12世纪	纣王	在朝歌至邯郸间兴建大规模的苑台和离宫别馆
西周	前12世纪~771		住宅已出现板瓦、筒瓦、人字形断面的脊瓦
	前12世纪	文王	在长安西北40里造灵囿
	前12世纪	武王	在沣河西岸营建沣京,其后又在沣河东岸建镐京
	前1095	成王十年	建陕西岐山凤雏村周代宗庙
	前9世纪	宣王	为防御狁,在朔方修筑系列小城
	前777	宣王五十一年(秦襄公)	秦建雍城西畤,祭白帝。后陆续建密畤、上畤、下畤以祭青帝、黄帝、炎帝,成为四方神畤
春秋	前6世纪		吴王夫差造姑苏台,费时3年
	前475	敬王四十五年	《周礼·考工记》提出王城规划须按"左祖右社"制度安排宗庙与社稷坛
战国	前4~3世纪		七国分别营建都城;齐、赵、魏、燕、秦并在国境中的必要地段修筑防御长城
	前350~207		陕西咸阳秦咸阳宫遗址,为一高台建筑
秦	前221	始皇帝二十六年	秦灭六国,在咸阳北阪仿关东六国而建宫殿
	前221	始皇帝二十六年	秦并天下,序定山川鬼神之祭
	前221	始皇帝二十六年	派蒙恬率兵30万北逐匈奴,修筑长城:西起临洮,东至辽东;又扩建咸阳
	前221~210	始皇帝二十六至三十七年	于陕西临潼建秦始皇陵
	前219	始皇帝二十八年	东巡郡县,亲自封禅泰山,告太平于天下
	前212	始皇帝三十五年	营造朝宫(阿房宫)于渭南咸阳
西汉	前3世纪		出现四合院住宅,多为楼房,并带有坞堡
	前206	高祖元年	项羽破咸阳,焚秦国宫殿,火三月不绝
	前205	高祖二年	建雍城北畤,祭黑帝,遂成五方上帝之制
	前201	高祖六年	建枌榆社于原籍丰县,继而令各县普遍建官社,祭土地神祇
	前201	高祖六年	令祝官立蚩尤祠于长安
	前201	高祖六年	建上皇庙
	前200	高祖七年	修长安(今西安)宫城,营建长乐宫
	前199	高祖八年	始建未央宫,次年建成

续表

朝代	年代	中国年号	大事纪要
西汉	前199	高祖八年	令郡国、县立灵星祠,为祭祀社稷之始
	前194～190	惠帝一至五年	两次发役30万修筑长安城
	前179	文帝元年	天子亲自躬耕籍田,设坛祭先农
	前179	文帝元年	在长安建汉高祖之高庙
	前164	文帝十六年	建渭阳五帝庙
	前140～87	武帝年间	于陕西兴平县建茂陵
	前140	武帝建元元年	创建崂山太清宫
	前139	武帝建元二年	在长安东南郊建立太一祠
	前138	武帝建元三年	扩建秦时上林苑,广袤300里,离宫70所;又在长安西南造昆明池
	前127	武帝元朔二年	始修长城、亭障、关隘、烽燧;其后更五次大规模修筑长城
	前113	武帝元鼎四年	建汾阴后土祠
	前110	武帝元封元年	封禅泰山
	前109	武帝元封二年	建泰山明堂
	前104	武帝太初元年	于长安城西建建章宫
	前101	武帝太初四年	于长安城内起明光宫
	前32	成帝建始元年	在长安城建南、北郊,以祭天神、地祇,确立了天地坛在都城规划布置中的地位
	4	平帝元始四年	建长安城郊明堂、辟雍、灵台
	5	平帝元始五年	建长安四郊兆、祭五帝、日月、星辰、风雷诸神
	5	平帝元始五年	令各地普建官稷
新	20	王莽地皇元年	拆毁长安建章宫等十余座宫殿,取其材瓦,建长安南郊宗庙,共十一座建筑,史称王莽九庙
东汉	25	光武帝建武元年	帝车驾入洛阳,修筑洛阳都城
	26	光武帝建武二年	在洛阳城南建立南郊(天坛)祭告天地
	26	光武帝建武二年	在洛阳城南建宗庙及太社稷。宗庙建筑,改变了汉初以来的一帝一庙制度,形成一庙多室,群主异室
	57	光武帝中元二年	建洛阳城北的北郊,祭地祇
	65	明帝永平八年	建成洛阳北宫
	68	明帝永平十一年	建洛阳白马寺
	153	桓帝元嘉三年	为曲阜孔庙设百石卒史,负责守庙,为国家管理孔庙之始
	2世纪	东汉末年	张陵修道鹤鸣山,创五斗米教,建置致诚祈祷的静室,使信徒处其中思过;又设天师治于平阳
	2世纪末	东汉末年	第四代天师张盛遵父(张鲁)嘱,携祖传印剑由汉中迁居龙虎山
三国	220	魏文帝黄初元年	曹丕代汉由邺城迁都洛阳,营造洛阳及宫殿
	221	蜀汉章武元年	刘备称帝,以成都为都
	229	吴黄武八年	孙权由武昌迁都建业,营造建业为都城
	235	魏青龙三年	起造洛阳宫
	237	魏明帝太和十一年	在洛阳造芳林苑,起景阳山
晋	约300年	惠帝永初元年	石崇于洛阳东北之金谷涧,因川阜而造园馆,名金谷园
	327	成帝咸和二年	葛洪于罗浮山朱明洞建都虚观以炼丹,唐天宝年间扩建为葛仙祠

续表

朝代	年代	中国年号	大事纪要
晋	332	成帝咸和七年	在建康(今南京)筑建康宫
	4世纪		在建康建华林园,位于玄武湖南岸;刘宋时则另于华林园以东建乐游苑
	347	穆帝永和三年	后赵石虎在邺城造华林园,凿天泉池;又造桑梓苑
	353~366	穆帝永和九年至废帝太和元年	始创甘肃敦煌莫高窟
	400	安帝隆安四年	慧持建普贤寺(即今万年寺前身),为峨眉山第一座寺庙
	401~407	安帝隆安五年至义熙三年	燕慕容熙在邺城造龙腾苑,广袤十余里,苑中有景云山
	413	安帝义熙九年	赫连勃勃营造大夏国都城统万城
南北朝	420	宋武帝永初元年	谢灵运在会稽营建山墅,有《山居赋》记其事
	446	北魏太平真君七年	发兵10万修筑畿上塞围
	452~464	北魏文成帝	始建山西大同云冈石窟
	5世纪	北魏	北天师道创立人寇谦之隐居华山
	5世纪	齐	文惠太子造玄圃园,有"多聚奇石,妙极山水"的记载
	494~495	北魏太和十八至十九年	开凿龙门石窟(洛阳)
	513	北魏延昌二年	开凿甘肃炳灵寺石窟
	516	北魏熙平元年	于洛阳建永宁寺木塔
	523	北魏正光四年	建河南登封嵩岳寺砖塔
	530	梁武帝中大通二年	道士茅山建曲林馆,继之为著名道士陶弘景的华阳下馆
	552~555	梁元帝承圣一至四年	于江陵造湘东苑
	573	北齐	高纬扩建华林苑,后改名为仙都苑
	6世纪	北周	庾信建小园,并有《小园赋》记其事
隋	582	文帝开皇二年	命宇文恺营建大兴城(今西安),唐代更名长安城
	586	文帝开皇六年	始建河北正定龙藏寺,清康熙年间改称今名隆兴寺
	595	文帝开皇十五年	在大兴建仁寿宫
	605~618	炀帝大业年间	青城山建延庆观;唐代改建为常道观(即天师洞)
	605~618	炀帝大业年间	在洛阳宫城西造西苑,周围20里,有16院
	607	炀帝大业三年	在太原建晋阳宫
	607	炀帝大业三年	发男丁百万余修长城
	611	炀帝大业七年	于山东历城建神通寺四门塔
唐	7世纪		长安宫城内有东、西内苑,城外有禁苑,周围120里
	618~906		出现一颗印式的两层四合院,但楼阁建筑已日趋衰退
	619	高祖武德二年	确定了对五岳、四镇、四海、四渎山川神的祭祀
	619	高祖武德二年	在京师国子学内建立周公及孔子庙各一所
	620	高祖武德三年	于周至终南山山麓修宗圣宫,祀老子,以唐诸帝陪祭(即古楼观之中心)
	627~648	太宗贞观年间	封华山为金天王,并创建庙宇(西岳庙)
	630	太宗贞观四年	令州县学内皆立孔子庙

续表

朝代	年代	中国年号	大事纪要
唐	636	太宗贞观十年	于陕西省礼泉县建昭陵
	651	高宗永徽二年	大食国正式遣使来唐,伊斯兰教开始传入我国
	7世纪		创建广州怀圣寺
	652	高宗永徽三年	于长安建慈恩寺大雁塔
	653	高宗永徽四年	金乔觉于九华山建化城寺
	662	高宗龙朔二年	于长安东北建蓬莱宫,高宗总章三年(670年)改称大明宫
	669	高宗总章二年	建长安兴教寺玄奘塔
	681	高宗开耀元年	长安建香积寺塔
	683	高宗弘道元年	于陕西省乾县建乾陵
	688	武则天垂拱四年	拆毁洛阳宫内乾元殿,建成一座高达三层的明堂
	7世纪末		武则天登中岳,封嵩山为神岳
	707~709	中宗景龙一至三年	于长安荐福寺建小雁塔
	714	玄宗开元二年	始建长安兴庆宫
	722	玄宗开元十年	诏两京及诸州建玄元皇帝庙一所,以奉祀老子
	722	玄宗开元十年	建幽州(北京)天长观,明初更名白云观
	724	玄宗开元十二年	于青城山下筑建福宫
	725	玄宗开元十三年	册封五岳神及四海神为王;四镇山神及四渎水神为公
	8世纪		在临潼县骊山建离宫华清池;在曲江则有游乐胜地
	742	玄宗天宝元年	废北郊祭祀,改为在南郊合祭天地
	751	玄宗天宝十年	玄宗避安史之乱,客居青羊宫,回长安后赐钱大事修建,改名青羊宫
	8世纪		李德裕在洛阳龙门造平泉庄
	8世纪		王维在蓝田县辋川谷营建辋川别业
	8世纪		白居易在庐山造庐山草堂,有《草堂记》述其事
	782	德宗建中三年	于五台山建南禅寺大殿
	857	宣宗大中十一年	于五台山建佛光寺东大殿
	904	昭宗天祐元年	道士李哲玄与张道冲施建太清宫(称三皇庵)
五代	951~960	后周	始在国都东、西郊建日月坛
	956	后周世宗显德三年	扩建后梁、后晋故都开封城,并建都于此。北宋继之以为都城,并续有扩建
	959	后周世宗显德六年	于苏州建云岩寺塔
北宋	960~1279		宅第民居形式趋向定型化,形式已和清代差异不大
	964	太祖乾德二年	重修中岳庙
	971	太祖开宝四年	于正定建隆兴寺佛香阁及24米高观音铜像
	977	太宗太平兴国二年	于上海建龙华塔
	984	太宗雍熙元年(辽圣宗统和二年)	辽建独乐寺观音阁(河北蓟县)
	996	太宗至道二年(辽圣宗统和十四年)	辽建北京牛街礼拜寺
	11世纪		重建韩城汉太史公祠

续表

朝代	年代	中国年号	大事纪要
北宋	1008	真宗大中祥符元年	于东京(今开封)建玉清昭应宫
	1009	真宗大中祥符二年	建岱庙天贶殿
	1009	真宗大中祥符二年	于泰山建碧霞元君祠，祀碧霞元君
	1009~1010	真宗大中祥符二至三年	始建福建泉州圣友寺
	1013	真宗大中祥符六年	再修中岳庙
	1038	仁宗宝元元年(辽兴宗重熙七年)	辽建山西大同下华严寺薄伽教藏殿
	1049~1053	仁宗皇祐年间	贾得升建希夷祠祀陈抟(今玉泉院)
	1052	仁宗皇祐四年	建隆兴寺摩尼殿(河北正定)
	1056	仁宗嘉祐元年(辽道宗清宁二年)	辽建山西应县佛宫寺释迦塔
	11世纪		司马光在洛阳建独乐园，有《独乐园记》记其事
	11世纪		富弼在洛阳有邸园，人称富郑公园
	1086~1099	哲宗年间	赐建茅山元符荣宁宫
	1087	哲宗元祐二年	赐名罗浮山葛仙祠为冲虚观
	1102	徽宗崇宁元年	重修山西晋祠圣母殿
	1105	徽宗崇宁四年	于龙虎山创建天师府，为历代天师起居之所
	1115	徽宗政和五年	在汴梁建造明堂，每日兴工万余人
	1125	徽宗宣和七年	于登封建少林寺初祖庵
	12世纪	北宋末南宋初	广州怀圣寺光塔建成
南宋	12世纪		绍兴禹迹寺南有沈园，以陆游诗名闻于世
	12世纪		韩侂胄在临安造南园
	12世纪		韩世宗于临安建梅冈园
	1131	高宗绍兴元年	建福建泉州清净寺；元至正九年(1349年)重修
	1138	高宗绍兴八年	以临安为行宫，定为都城，并着手扩建
	1150	高宗绍兴二十年(金庆帝天德二年)	金完颜亮命张浩、孔彦舟营建中都
	1163	孝宗隆兴元年(金世宗大定三年)	金建平遥文庙大成殿
	1190~1196	光宗绍兴元年至宁宗庆元二年(金章宗昌明年间)	金丘长春修道崂山太清宫，后其师弟刘长生增筑观宇，建成全真道随山派祖庭
	1240	理宗嘉熙四年(蒙古太宗十二年)	蒙古于山西永济县永乐镇吕洞宾故里修建永乐宫
	1267	度宗咸淳三年(蒙古世祖至元四年)	蒙古忽必烈命刘秉忠营建大都城
	1269	度宗咸淳五年(蒙古世祖至元六年)	蒙古建大都(北京)国子监
	1271	度宗咸淳七年(元世祖至元八年)	元建北京妙应寺白塔，为中国现存最早的喇嘛塔
	1275	恭帝德祐元年(元至元十二年)	始建江苏扬州普哈丁墓
	1275	恭帝德祐元年(元至元十二年)	始建江苏扬州清真寺(仙鹤寺)，后并曾多次重修

续表

朝代	年代	中国年号	大事纪要
元	1281	元世祖至元十八年	浙江杭州真教寺大殿建成，延祐年间(1314～1320年)重建
	13世纪	元初	建西藏萨迦南寺
	13世纪	元初	建大都之禁苑万岁山及太液池，万岁山即今之琼华岛
	13世纪	元初	创建云南昆明正义路清真寺
	14世纪		创建上海松江清真寺，明永乐、清康熙时期重修
	1302	成宗大德六年	建大都(北京)孔庙
	1310	武宗至大三年	重修福建泉州圣友寺
	1320	仁宗延祐七年	建北京东岳庙
	1323	英宗至治三年	重修福建泉州伊斯兰教圣墓
	1342	顺帝至正二年	天如禅师建苏州狮子林
	1343	顺帝至正三年	重建河北定县清真寺
	1350	顺帝至正十年	重修广州怀圣寺
	1356	顺帝至正十六年	北京东四清真寺始建；明英宗正统十二年(1447年)重修
	1363	顺帝至正二十三年	建新疆霍城吐虎鲁克帖木儿玛扎
明	1368～1644		各地都出现一些大型院落，福建已出现完善的土楼
	1368	太祖洪武元年	朱元璋始建宫室于应天府(今南京)
	14世纪	太祖洪武年间	云南大理老南门清真寺始建，清代重修
	14世纪	太祖洪武年间	湖北武昌清真寺建成，清高宗乾隆十六年(1751年)重修
	14世纪	太祖洪武年间	宁夏韦州大寺建成
	1373	太祖洪武六年	南京城及宫殿建成
	1373	太祖洪武六年	派徐达镇守北边，又从华云龙言，开始修筑长城，后历朝屡有兴建
	1376～1383	太祖洪武九至十五年	于南京建灵谷寺大殿
	1373	太祖洪武六年	在南京钦天山建历代帝王庙
	1381	太祖洪武十四年	始建孝陵，位于江苏省南京市，成祖永乐三年(1405年)建成
	1388	太祖洪武二十一年	创建南京净觉寺；宣宗宣德五年(1430年)及孝宗弘治三年(1492年)两度重修
	1392	太祖洪武二十五年	创建陕西西安华觉巷清真寺，明、清两代并曾多次重修扩建
	1407	成祖永乐五年	始建北京宫殿
	1409	成祖永乐七年	始建长陵，位于北京市昌平区
	1413	成祖永乐十一年	敕建武当山宫观，历时11年，共建成8宫、2观及36庵堂、72岩庙
	1420	成祖永乐十八年	北京宫城及皇城建成，迁都北京
	1420	成祖永乐十八年	建北京天地坛、太庙、先农坛
	1421	成祖永乐十九年	北京宫内奉天、华盖、谨身三殿被烧毁
	1421	成祖永乐十九年	建北京社稷坛
	15世纪		大内御苑有后苑(今北京故宫坤宁门北之御花园)、万岁山(即清代的景山)、建福宫花园、西苑和兔苑
	1436	英宗正统元年	重建奉天、华盖、谨身三殿
	1442	英宗正统七年	重修北京牛街礼拜寺；清康熙三十五年(1696年)大修扩建
	1444	英宗正统九年	建北京智化寺

续表

朝代	年代	中国年号	大事纪要
明	1447	英宗正统十二年	于西藏日喀则建扎什伦布寺
	1456	景帝景泰七年	初建景泰陵，后更名为庆陵
	1465～1487	宪宗成化年间	山东济宁东大寺建成，清康熙、乾隆时重修
	1473	宪宗成化九年	于北京建真觉寺金刚宝座塔
	1483～1487	宪宗成化十九至二十三年	形成曲阜孔庙今日之规模
	1495	孝宗弘治八年	山东济南清真寺建成，世宗嘉靖三十三年(1554年)及清穆宗同治十三年(1874年)重修
	1500	孝宗弘治十三年	重修无锡泰伯庙
	16世纪		重修山西太原清真寺
	1506～1521	武宗正德年间	秦端敏建无锡寄畅园，有八音涧名闻于世
	1509	武宗正德四年	御史王献臣罢官归里，在苏州造拙政园
	1519	武宗正德十四年	重建北京宫内乾清、坤宁二宫
	1522～1566	世宗嘉靖年间	始建苏州留园；清乾隆时修葺
	1523	世宗嘉靖二年	重修河北宣化清真寺；清穆宗同治四年(1865)年再修
	1524	世宗嘉靖三年	新疆喀什艾迪卡尔礼拜寺建成，清高宗乾隆五十三年(1788)年扩建
	1530	世宗嘉靖九年	建北京地坛、日坛，月坛，恢复了四郊分祭之礼
	1530	世宗嘉靖九年	改建北京先农坛
	1531	世宗嘉靖十年	建北京历代帝王庙
	1534	世宗嘉靖十三年	改天地坛为天坛
	1537	世宗嘉靖十六年	北京故宫新建养心殿
	1540	世宗嘉靖十九年	建十三陵石牌坊
	1545	世宗嘉靖二十四年	重建北京太庙
	1545	世宗嘉靖二十四年	将天坛内长方形的大殿改建为圆形三檐的祈年殿
	1549	世宗嘉靖二十八年	重修福建福州清真寺
	1559	世宗嘉靖三十八年	建上海豫园，为潘允端之私园，大假山则是著名叠石家张南阳造
	1561	世宗嘉靖四十年	始建河南沁阳清真寺，明神宗万历十八年(1590年)、清德宗光绪十三年(1887年)重修
	1568	穆宗隆庆二年	戚继光镇蓟州；增修长城，广建敌台及关塞
	1573～1619	神宗万历年间	米万钟建北京勺园，以"山水花石"四奇著称
	1583	神宗万历十一年	始建定陵，位于北京市昌平区
	1598	神宗万历二十六年	始建永陵，初名兴京陵，清世祖顺治十六年(1659年)改为今名
	1601	神宗万历二十九年	建福建齐云楼，为土楼形式
	1602	神宗万历三十年	始建江苏镇江清真寺；清代重建
	1615	神宗万历四十三年	重建北京故宫皇极(太和)、中极(中和)、建极(保和)三大殿
	1620	神宗万历四十八年	重修庆陵
	1629	思宗崇祯二年(后金太宗天聪三年)	后金于辽宁省沈阳市建福陵
	1634	思宗崇祯七年	计成所著《园冶》一书问世

续表

朝代	年代	中国年号	大事纪要
明	1640	思宗崇祯十三年（清太宗崇德五年）	清重修沈阳故宫笃恭殿(大政殿)
	1643	思宗崇祯十六年（清太宗崇德八年）	清始建昭陵，位于辽宁沈阳市，为清太宗皇太极陵墓
清	1645~1911		今日所能见到的传统民居形式大致已形成
	17世纪	清初	新疆喀什阿巴庙扎加玛始建，后并曾多次重修扩建
	1644~1661	世祖顺治年间	改建西苑，于琼华岛上造白塔
	1645	世祖顺治二年	达赖五世扩建布达拉宫
	1655	世祖顺治十二年	重建北京故宫乾清、坤宁二宫
	1661	世祖顺治十八年	始建清东陵
	1662~1722	圣祖康熙年间	建福建永定县承启楼
	1663	圣祖康熙二年	孝陵建成，位于河北省遵化县
	1672	圣祖康熙十一年	重建成都武侯祠
	1677	圣祖康熙十六年	山东泰山岱庙形成今日之规模
	1680	圣祖康熙十九年	在玉泉山建澄心园，后改名静明园
	1681	圣祖康熙二十年	建景陵，位于河北遵化县
	1683	圣祖康熙二十二年	重建北京故宫文华殿
	1684	圣祖康熙二十三年	造畅春园
	1687	圣祖康熙二十六年	始建甘肃兰州解放路清真寺
	1689	圣祖康熙二十八年	建北京故宫宁寿宫
	1689	圣祖康熙二十八年	四川阆中巴巴寺始建
	1690	圣祖康熙二十九年	重建北京故宫太和殿，康熙三十四年（1695年）建成
	1696	圣祖康熙三十五年	于呼和浩特建席力图召
	1702	圣祖康熙四十一年	河北省泊镇清真寺建成；德宗光绪三十四年（1908年）重修
	1703	圣祖康熙四十二年	建承德避暑山庄
	1703	圣祖康熙四十二年	始建天津北大寺
	1710	圣祖康熙四十九年	重建山西解县关帝庙
	1718	圣祖康熙五十七年	建孝东陵，葬世祖之后孝惠章皇后博尔济吉特氏
	1720	圣祖康熙五十九年	始建甘肃临夏大拱北
	1722	圣祖康熙六十一年	始建甘肃兰州桥门街清真寺
	1725	世宗雍正三年	建圆明园，乾隆时又增建，共四十景
	1730	世宗雍正八年	始建泰陵，高宗乾隆二年(1737年)建成
	1735	世宗雍正十三年	建香山行宫
	1736~1796	高宗乾隆年间	著名叠石家戈裕良造苏州环秀山庄
	1736~1796	高宗乾隆年间	河南登封中岳庙形成今日规模
	1742	高宗乾隆七年	四川成都鼓楼街清真寺建成，乾隆五十九年（1794年）重修
	1745	高宗乾隆十年	扩建香山行宫，并改名静宜园
	1746~1748	高宗乾隆十一至十三年	增建沈阳故宫中路、东所、西所等建筑群落
	1750	高宗乾隆十五年	建造北京故宫雨花阁
	1750	高宗乾隆十五年	建万寿山、昆明湖，定名清漪园，历时14年建成
	1751	高宗乾隆十六年	在圆明园东造长春园和绮春园

续表

朝代	年代	中国年号	大事纪要
清	1752	高宗乾隆十七年	将天坛祈年殿更为蓝色琉璃瓦顶
	1752	高宗乾隆十七年	重修沈阳故宫
	1755	高宗乾隆二十年	于承德建普宁寺,大殿仿桑耶寺乌策大殿
	1756	高宗乾隆二十一年	重建湖南汨罗屈子祠
	1759	高宗乾隆二十四年	重建河南郑州清真寺
	1764	高宗乾隆二十九年	建承德安远庙
	1765	高宗乾隆三十年	宋宗元营建苏州网师园
	1766	高宗乾隆三十一年	建承德普乐寺
	1767~1771	高宗乾隆三十二至三十六年	建承德普陀宗乘之庙
	1770	高宗乾隆三十五年	建福建省华安县二宜楼
	1773	高宗乾隆三十八年	宁夏固原二十里铺拱北建成
	1774	高宗乾隆三十九年	建北京故宫文渊阁
	1778	高宗乾隆四十三年	建沈阳故宫西路建筑群
	1778	高宗乾隆四十三年	新疆吐鲁番苏公塔礼拜寺建成
	1779~1780	高宗乾隆四十四至四十五年	建承德须弥福寿之庙
	1781	高宗乾隆四十六年	建沈阳故宫文溯阁、仰熙斋、嘉荫堂
	1783	高宗乾隆四十八年	建北京国子监辟雍
	1784	高宗乾隆四十九年	建北京西黄寺清净化城塔
	18世纪		建青海湟中塔尔寺
	1789	高宗乾隆五十四年	内蒙古呼和浩特清真寺创建,1923年重修
	1796	仁宗嘉庆元年	始建河北易县昌陵,8年后竣工
	18~19世纪	仁宗嘉庆年间	黄至筠购买扬州小玲珑小馆,于旧址上构筑个园
	1804	仁宗嘉庆九年	重修沈阳故宫东路、西路及中路东、西两所建筑群
	1822	宣宗道光二年	建成湖南隆回清真寺
	1822~1832	宣宗道光二至十二年	天津南大寺建成
	1832	宣宗道光十二年	始建慕陵,4年后竣工
	1851	文宗咸丰元年	建昌西陵,葬仁宗孝和睿皇后
	1852	文宗咸丰二年	西藏拉萨河坝林清真寺建成
	1859	文宗咸丰九年	于河北省遵化县建定陵
	1859	文宗咸丰九年	成都皇城街清真寺建成,1919年重修
	1873	穆宗同治十二年	始建定东陵,德宗光绪五年(1879年)建成
	1875	德宗光绪元年	于河北省遵化县建惠陵
	1882	德宗光绪八年	青海大通县杨氏拱北建成
	1887	德宗光绪十三年	伍兰生在同里建退思园
	1888	德宗光绪十四年	重建青城山建福宫
	1891~1892	德宗光绪十七至十八年	甘肃临潭西道场建成;1930年重修
	1894	德宗光绪二十年	云南巍山回回墩清真寺建成
	1895	德宗光绪二十一年	重修定陵
	1909	宣统元年	建崇陵,为德宗陵寝

图书在版编目(CIP)数据

皇家园囿建筑：琴棋射骑御花园 / 本社编. —北京：中国建筑工业出版社，2009

(中国古建筑之美)

ISBN 978-7-112-11328-6

I. 皇… II. 本… III. 宫苑—建筑艺术—中国—图集 IV. TU-098.42

中国版本图书馆CIP数据核字（2009）第169193号

责任编辑：王伯扬　张振光　费海玲
责任设计：董建平
责任校对：陈　波　刘　钰

中国古建筑之美

皇家园囿建筑

琴棋射骑御花园

本社　编

*

中国建筑工业出版社出版、发行（北京西郊百万庄）
各地新华书店、建筑书店经销
北京美光制版有限公司制版
北京方嘉彩色印刷有限责任公司印刷

*

开本：880×1230毫米　1/32　印张：$6\,3/8$　字数：181千字
2010年1月第一版　　2010年1月第一次印刷
定价：45.00元

ISBN 978-7-112-11328-6

(18587)

版权所有　翻印必究

如有印装质量问题，可寄本社退换

（邮政编码 100037）